46亿年的奇迹
地球简史

日本朝日新闻出版 著
贺璐婷 郭勇 王盈盈 译

显生宙 新生代 5

人民文学出版社
PEOPLE'S LITERATURE PUBLISHING HOUSE

专家导读

冯伟民先生是南京古生物博物馆的馆长，是国内顶尖的古生物学专家。此次出版“46亿年的奇迹：地球简史”丛书，特邀冯先生及其团队把关，严格审核书中的科学知识，并作此篇导读。

“46亿年的奇迹：地球简史”是一套以地球演变为背景，史诗般展现生命演化场景的丛书。该丛书由50个主题组成，编为13个分册，构成一个相对完整的知识体系。该丛书包罗万象，涉及地质学、古生物学、天文学、演化生物学、地理学等领域的各种知识，其内容之丰富、描述之细致、栏目之多样、图片之精美，在已出版的地球与生命史相关主题的图书中是颇为罕见的，具有里程碑式的意义。

“46亿年的奇迹：地球简史”丛书详细描述了太阳系的形成和地球诞生以来无机界与有机界、自然与生命的重大事件和诸多演化现象。内容涉及太阳形成、月球诞生、海洋与陆地的出现、磁场、大氧化事件、早期冰期、臭氧层、超级大陆、地球冻结与复活、礁形成、冈瓦纳古陆、巨神海消失、早期森林、冈瓦纳冰川、泛大陆形成、超级地幔柱和大洋缺氧等地球演变的重要事件，充分展示了地球历史中宏伟壮丽的环境演变场景，及其对生命演化的巨大推动作用。

除此之外，这套丛书更是浓墨重彩地叙述了生命的诞生、光合作用、与氧气相遇的生命、真核生物、生物多细胞、埃迪卡拉动物群、寒武纪大爆发、眼睛的形成、最早的捕食者奇虾、三叶虫、脊椎与脑的形成、奥陶纪生物多样化、鹦鹉螺类生物的繁荣、无颌类登场、奥陶纪末大灭绝、广翅鲎的繁荣、植物登上陆地、菊石登场、盾皮鱼的崛起、无颌类的繁荣、肉鳍类的诞生、鱼类迁入淡水、泥盆纪晚期生物大灭绝、四足动物的出现、动物登陆、羊膜动物的诞生、昆虫进化出翅膀与变态的模式、单孔类的诞生、鲨鱼的繁盛等生命演化事件。这还仅仅是丛书中截止到古生代的内容。由此可见全书知识内容之丰富和精彩。

每本书的栏目形式多样，以《地球史导航》为主线，辅以《地球博物志》《世界遗产长廊》《地球之谜》和《长知识！地球史问答》。在《地球史导航》中，还设置了一系列次级栏目：如《科学笔记》注释专业词汇；《近距直击》回答文中相关内容的关键疑问；《原理揭秘》图文并茂地揭示某一生物或事件的原理；《新闻聚焦》报道一些重大的但有待进一步确认的发现，如波兰科学家发现的四足动物脚印；《杰出人物》介绍著名科学家的相关贡献。《地球博物志》描述各种各样的化石遗痕；《世界遗产长廊》介绍一些世界各地的著名景点；《地球之谜》揭示地球上发生的一些未解之谜；《长知识！地球史问答》给出了关于生命问题的趣味解说。全书还设置了一位卡通形象的科学家引导阅读，同时插入大量精美的图片，来配合文字解说，帮助读者对文中内容有更好的理解与感悟。

因此，这是一套知识浩瀚的丛书，上至天文，下至地理，从太阳系形成一直叙述到当今地球，并沿着地质演变的时间线，形象生动地描述了不同演化历史阶段的各种生命现象，演绎了自然与生命相互影响、协同演化的恢宏历史，还揭示了生命史上一系列的大灭绝事件。

科学在不断发展，人类对地球的探索也不会止步，因此在本书中文版出版之际，一些最新的古生物科学发现，如我国的清江生物群和对古昆虫的一系列新发现，还未能列入到书中进行介绍。尽管这样，这套通俗而又全面的地球生命史丛书仍是现有同类书中的翘楚。本丛书图文并茂，对于青少年朋友来说是一套难得的地球生命知识的启蒙读物，可以很好地引导公众了解真实的地球演变与生命演化，同时对国内学界的专业人士也有相当的借鉴和参考作用。

冯伟民

2020 年 5 月

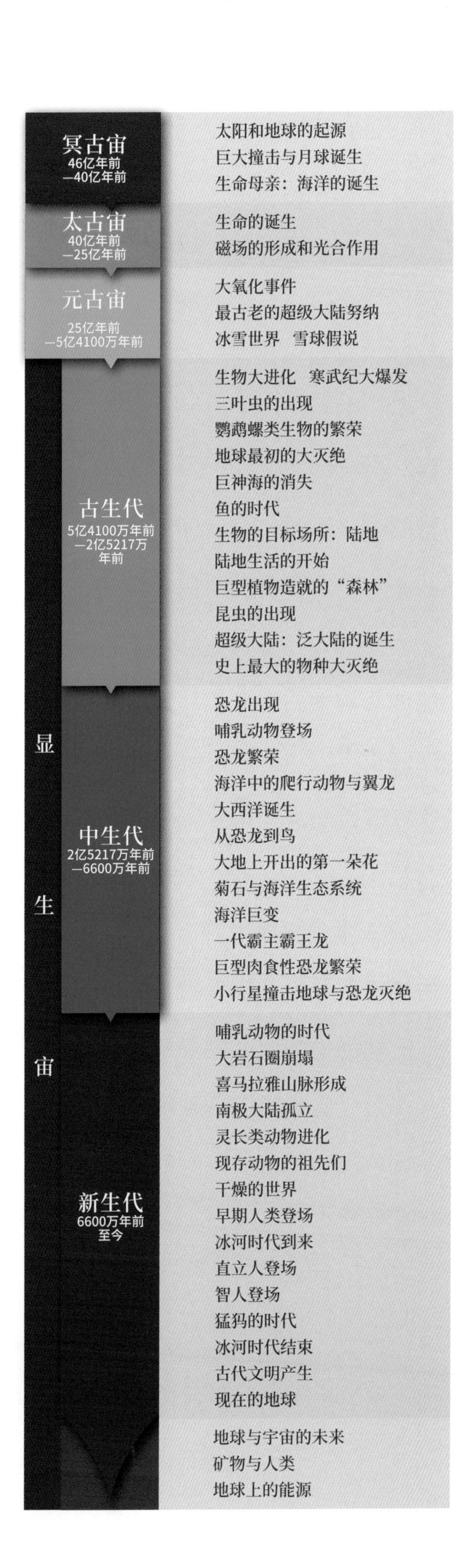
冥古宙
46亿年前
—40亿年前
太阳和地球的起源
巨大撞击与月球诞生
生命母亲：海洋的诞生
太古宙
40亿年前
—25亿年前
生命的诞生
磁场的形成和光合作用
元古宙
25亿年前
—5亿4100万年前
大氧化事件
最古老的超级大陆努纳
冰雪世界 雪球假说
显生宙
古生代
5亿4100万年前
—2亿5217万
年前
生物大进化 寒武纪大爆发
三叶虫的出现
鹦鹉螺类生物的繁荣
地球最初的大灭绝
巨神海的消失
鱼的时代
生物的目标场所：陆地
陆地生活的开始
巨型植物造就的“森林”
昆虫的出现
超级大陆：泛大陆的诞生
史上最大的物种大灭绝
中生代
2亿5217万年前
—6600万年前
恐龙出现
哺乳动物登场
恐龙繁荣
海洋中的爬行动物与翼龙
大西洋诞生
从恐龙到鸟
大地上开出的第一朵花
菊石与海洋生态系统
海洋巨变
一代霸主霸王龙
巨型肉食性恐龙繁荣
小行星撞击地球与恐龙灭绝
新生代
6600万年前
至今
哺乳动物的时代
大岩石圈崩塌
喜马拉雅山脉形成
南极大陆孤立
灵长类动物进化
现存动物的祖先们
干燥的世界
早期人类登场
冰河时代到来
直立人登场
智人登场
猛犸的时代
冰河时代结束
古代文明产生
现在的地球
地球与宇宙的未来
矿物与人类
地球上的能源

CONTENTS

目录

地球与宇宙的未来

现在—60亿年后

第 3 页　图片 / Aflo
第 4 页　图片 / PPS
第 6 页　插画 / 月本佳代美
描摹 / 斋藤志乃
第 9 页　图片 / PPS
第 10 页　图表 / 三好南里
图片 / PPS
第 11 页　图片 / PPS
图表 / 斋藤志乃
图片 / PPS
第 12 页　图片 / PPS
图表 / 三好南里（以联合国政府间气候变化专门委员会第 5 次评估报告为基准）
第 13 页　图片 / 史蒂夫 · 克施迈德森 /SPL（颗石藻）、PPS（其他）
图表 / 三好南里
第 15 页　图片 / PPS
第 16 页　图片 / 科罗拉多高原地理系统公司
图表 / 木下真一郎（根据克里斯多夫·R. 史考提斯的预测图）
图表 / 木下真一郎（根据丸山茂德、矶崎行雄《生命与地球的历史》，岩波书店出版）
图表 / 吉田晶树（日本海洋科技中心）
第 17 页　图片 / PPS
图片 / 科罗拉多高原地理系统公司
图片 / PPS
图表 / 木下真一郎（根据《自然》期刊 2012 年刊登的罗斯 · N. 米歇尔等人的论文）
第 18 页　图表 / 木下真一郎（根据克里斯多夫·R. 史考提斯的预测图）
图片 / PPS
第 21 页　图片 / 盖蒂图片社
第 22 页　图表 / 三好南里
图片 / 普林斯顿大学，施瓦茨教授提供
第 23 页　图片 / PPS
图片 / 克莱姆和阿德里（科学之翼网站）/ 欧洲南方天文台
第 24 页　图片 / PPS
图片 / 美国国家航空航天局 / 喷气推进实验室 - 加州理工学院 / O. 克劳斯
（斯图尔德天文台）
图片 / 美国国家航空航天局、欧洲航天局与哈勃 20 周年纪念团队
（太空望远镜科学研究所 / 天文学研究大学协会）
第 25 页　图片 / 美国国家航空航天局 / CXC / SAO
第 26 页　图表 / 三好南里
图片 / 日本宇宙航空研究开发机构
图片 / 日出号卫星、日本宇宙航空研究开发机构 / 美国国家航空航天局
图片 / 美国国家航空航天局 / 喷气推进实验室
图片 / 美国国家航空航天局 / 喷气推进实验室
图片 / 美国国家航空航天局 / 喷气推进实验室 - 加州理工学院
图片 / 美国国家航空航天局
图片 / 美国国家航空航天局 / 约翰 · 霍普金斯大学应用物理学实验室 / 华盛顿卡耐基研究所
图片 / 国家空间科学资料中心
图片 / 国家空间科学资料中心 / 照片图书馆
第 27 页　图片 / 美国国家航空航天局 / 空间科学研究所
图片 / 美国国家航空航天局 / 空间科学研究所
图片 / 美国国家航空航天局 / 喷气推进实验室
图片 / 美国国家航空航天局 / 喷气推进实验室
图片 / 美国国家航空航天局，喷气推进实验室麦哲伦计划
图片 / 美国国家航空航天局 / 喷气推进实验室 - 加州理工学院 /MSSS
图片 / ispace 公司
图片 / 日本宇宙航空研究开发机构
第 28 页　图表 / 三好南里
第 29 页　图片 / Aflo
第 30 页　图片 / PPS
第 31 页　插画 / 三好南里
第 32 页　图片 / PPS
图片 / ©《未来狂想曲》™ 2014/ 钻石社
图片 / 123RF

—顾问寄语—

岐阜大学教授 川上绅一

地球系统很复杂，预测未来非易事。
然而，若能从过去所发生的变化中找到规律，即周期性、趋势等，
并弄清其中的原理机制，未来就能够被预测。
这里选取了冰川周期及超大陆的聚合分离周期进行介绍。
你会发现，长年累月的细微变化积累会使地球的面貌发生巨大的改变。
最终，地球将迎来怎样的结局?让我们以太阳内部构造的演化为线索来预测一下吧!

凝望着星星的一生的眼睛

在南美洲智利的阿塔卡马沙漠，目前地球上精度最高的巨型射电望远镜的抛物面天线阵仰望着天空。在位于那片天空的船底座卡利纳星云的中心，拥有银河系最亮恒星之称的海山二闪耀着光芒。研究认为，这颗质量高达太阳数十倍的巨大恒星将在未来发生一场超新星爆炸。超新星爆炸就是恒星一生最后的瞬间，而这整个过程将被巨型射电望远镜收入眼底。这架巨型射电望远镜是人类梦想与智慧的结晶，承载着人类了解宇宙未来的美好愿望。

**建在南美洲智利北部
阿塔卡马沙漠中的阿尔玛望远镜**

阿尔玛望远镜是由 66 台抛物面天线组成的巨型射电望远镜，其分辨率（能够分辨物体的最小距离）约为斯巴鲁望远镜及哈勃空间望远镜的 10 倍。阿尔玛计划是一个国际合作项目，于 2013 年投入使用，美国、欧洲多国、日本均做了较大贡献。

不断膨胀的太阳与地球

在 50 亿年后的宇宙，闪耀了 96 亿年的太阳终于走到了暮年。届时，太阳将急剧膨胀，变得越来越大。尽管中心温度猛烈上升，但由于表面温度较低，外观颜色将从黄色变为红色。化身“红巨星”的太阳的半径将达到现在的 150 倍，水星、金星等将被它毫不费力地吞噬。太阳的表面将极度逼近地球轨道。那么，地球究竟会不会就此消失呢？关于这个问题，目前还没有确切的结论，但有假说认为，即使如此，地球也能够幸存。只是，从幸存下来的地球上，再也看不到光芒万丈的太阳了。

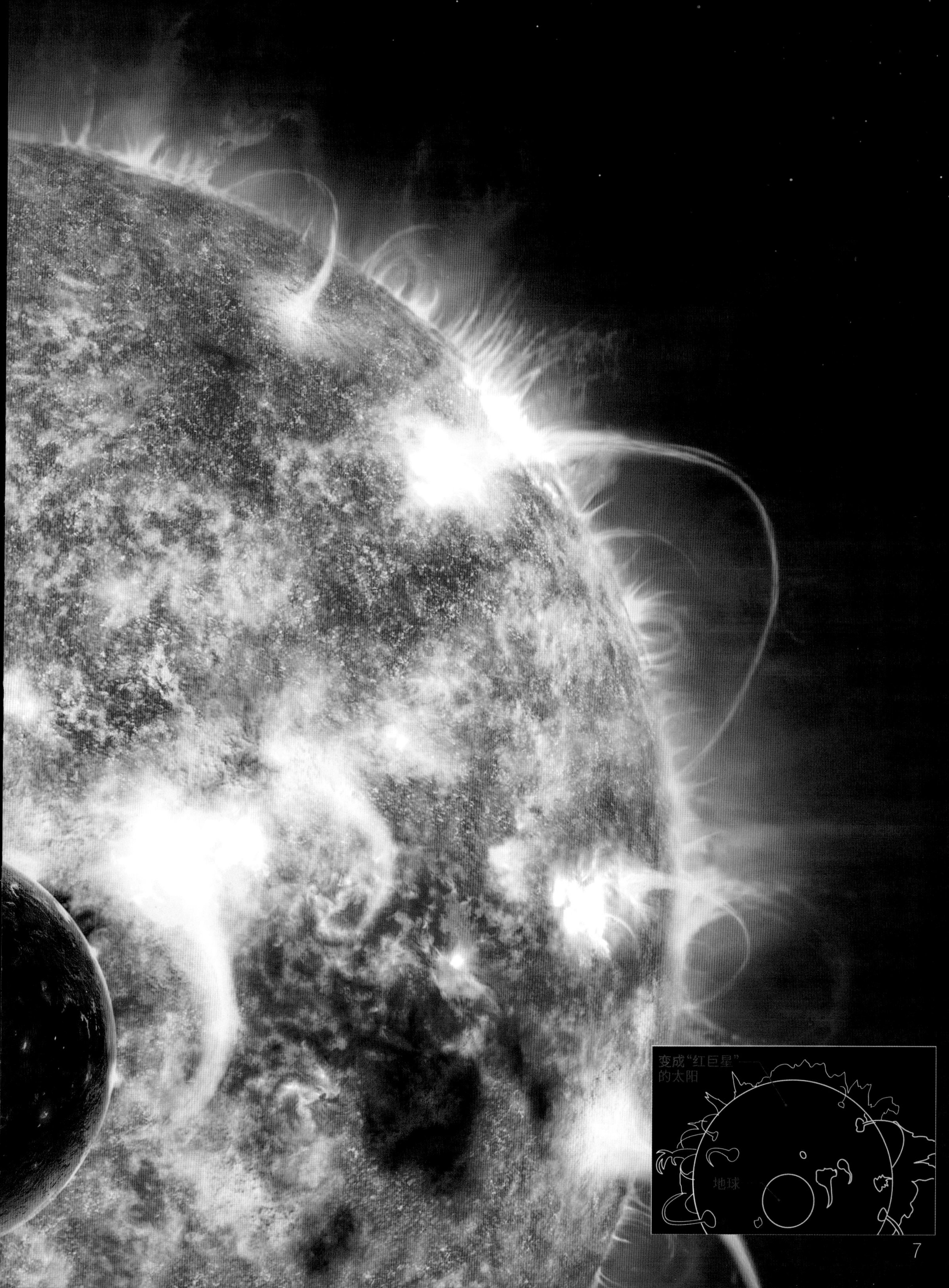
变成“红巨星”的太阳
地球

气候的未来

未来的地球气候会变冷，还是变暖？

100年后，地球的气候会变成怎样？1000年后、1万年后、10万年后……呢？了解未来的线索就在迄今为止地球史研究积累下来的知识之中。

迄今为止的调查和验证成果总动员！

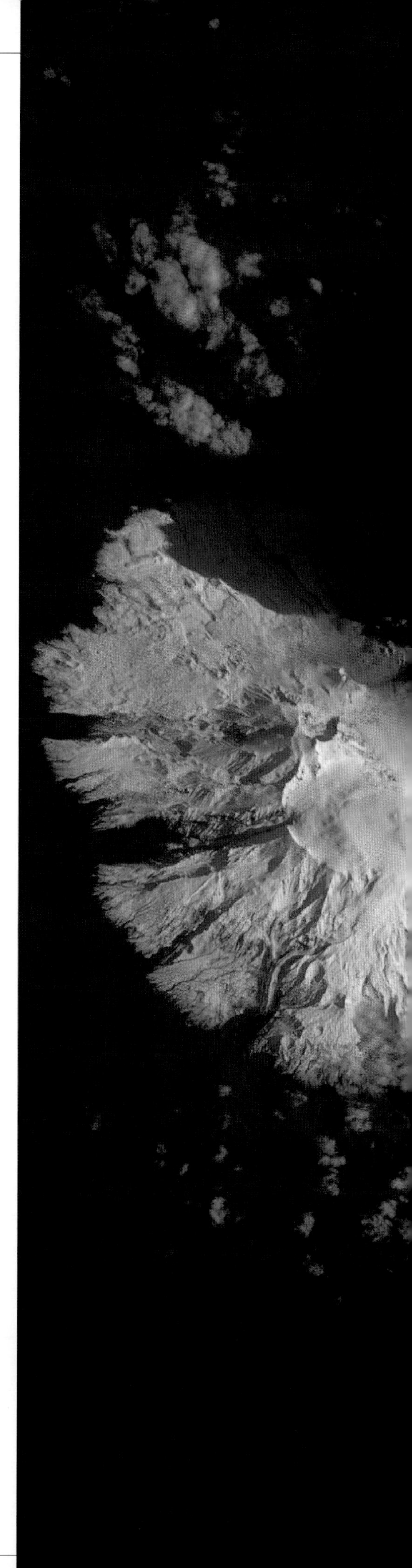

根据过去的知识推测未来的气候

在46亿年的历史长河中，地球经历了数次气候变化。并且每一次，地球的样貌都会发生巨大的改变。在一些时代，伴随着急剧的寒冷化，陆地上的冰层厚度曾达到过数千米，连海洋里的冰层都厚达1000米。被这样的冰层封住的地球，俨然成了“死星”。而另一面，地球上也曾出现过平均气温比现在高出6～14摄氏度的“温室地球”时代，彼时连极地的植被都丰富到可以与森林媲美。

那么今后，地球将面临怎样的气候变化呢？

预知未来的线索就藏在“过去”与“现在”之中。即使可能还存在未知的机制、难以想象的事件，但以迄今为止的地球史研究获得的知识为基础来推测未来的走向，也并非不可能。比如，在冰河时期，冰期和间冰期以一定的规律反复出现。考虑到这一点，之后的预测就有方向了。又比如，虽然火山喷发很难预测，但通过对以往气候变化的分析，火山喷发之后的地球环境是能够预测的。今后，地球会变冷，还是变暖？让我们透过“过去”这块“镜片”来看看未来吧！

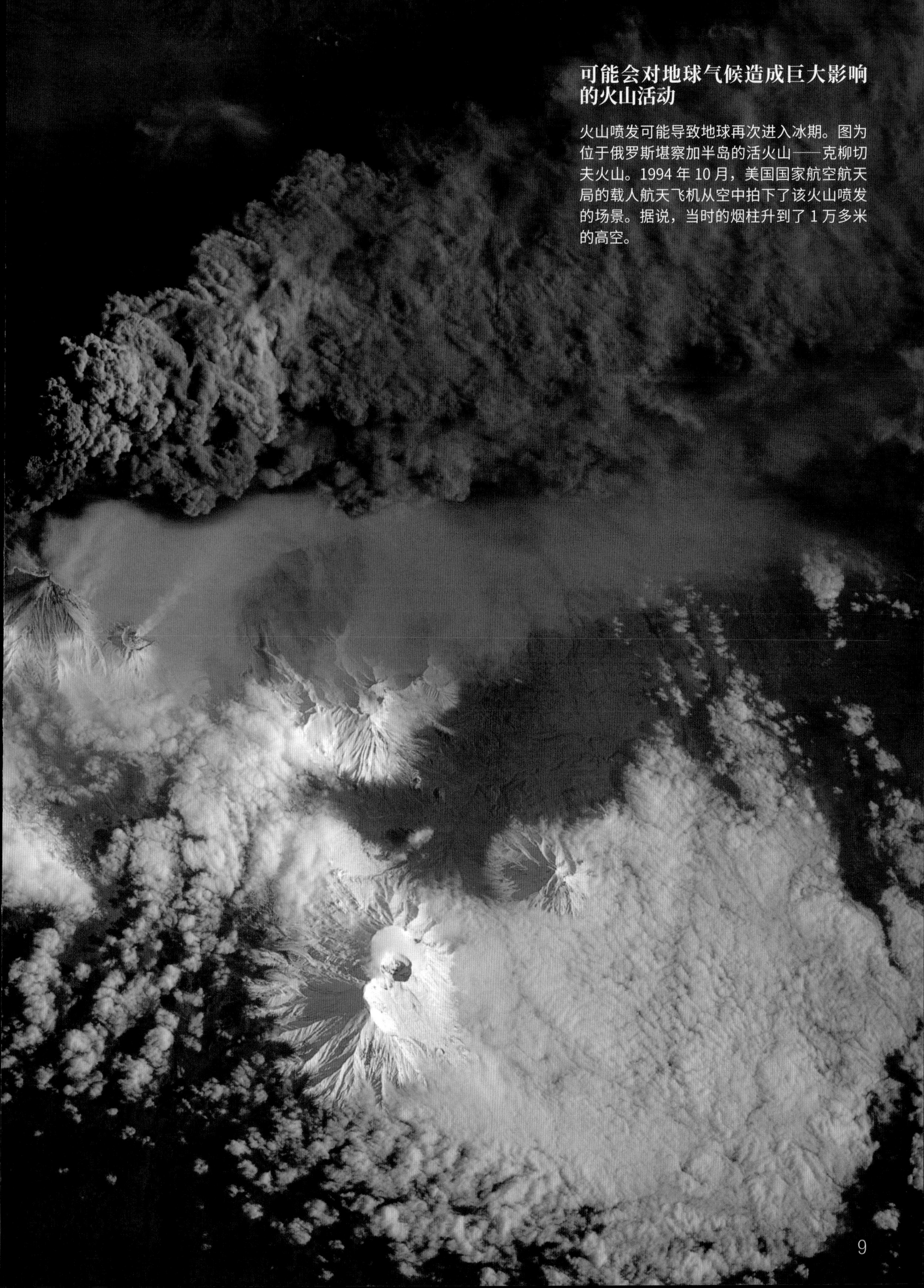

可能会对地球气候造成巨大影响的火山活动

火山喷发可能导致地球再次进入冰期。图为位于俄罗斯堪察加半岛的活火山——克柳切夫火山。1994 年 10 月，美国国家航空航天局的载人航天飞机从空中拍下了该火山喷发的场景。据说，当时的烟柱升到了 1 万多米的高空。

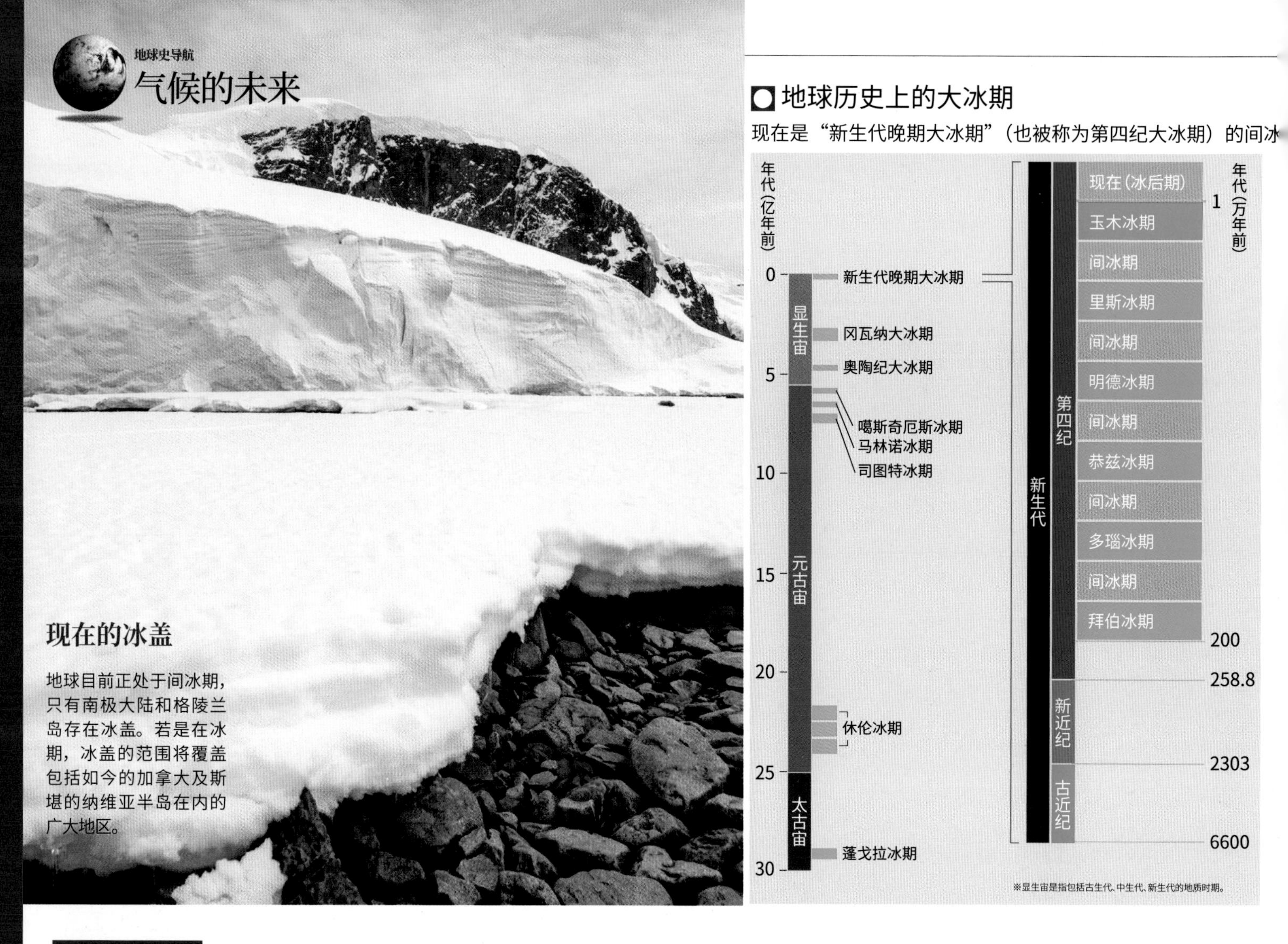

现在的冰盖

地球目前正处于间冰期，只有南极大陆和格陵兰岛存在冰盖。若是在冰期，冰盖的范围将覆盖包括如今的加拿大及斯堪的纳维亚半岛在内的广大地区。

现在我们知道!

今后10万年内，地球将进入冰期?!

目前横跨南极大陆与格陵兰岛、厚达3000米的冰盖，既是了解数十万年前的地球气候的时间胶囊，又隐藏着了解未来的线索。首先，让我们通过迄今为止的研究调查成果，来看看未来气候的整体走势吧。

现在正处于大冰期 下一个冰期何时到来?

根据取自冰川的样本——冰芯[注1]及其他地质记录，当今的地球正处于约260万年前开始的大冰期之中。大冰期是指地球表面存在冰盖的地质时期。在人们的认知中，极地有冰层覆盖是理所当然的事情。但事实上，纵观地球史，这样的时期是少有的。大约1万年前，在历次大冰期中算得上尤为寒冷的末次冰期落幕，现在的地球正处于相对温暖的“间冰期”。

冰期与间冰期大约以10万年为周期反复交替出现。这与以10万年为周期的太阳辐射能的变化模式（米兰科维奇旋回）一致。如果这个周期真的适用，那么未来，地球的气候将逐渐变冷，向着下一个冰期进发。

不过，米兰科维奇旋回中提到的太阳辐射能的变化，并没有仅凭一己之力就大幅改变地球气候的影响力。地球的气候是在太阳辐射能、冰盖的变迁、海洋及大气循环等“子系统”错综复杂的相互作用下形成的。只有当太阳辐射能变动幅度增大，并发生造成全球规模影响的“某种情形”时，进入冰期前的寒冷化才会真正拉开序幕吧。

大型火山喷发为地球撑起“遮阳伞”

关于前文提到的“某种情形”，目前研究认为，发生可能性最高的事件之一是大型火山喷发。

1815年，印度尼西亚的坦博拉火山大爆发。翌年夏天，北半球的气温相比往年显著下降。即使在遥远的北美，明明是夏天，竟然也下起了雪，海洋河流也结了冰。这一年被称为“无夏之年”[注2]。

大型火山喷发能造成这种全球规模的寒冷化，原因并不在于火山灰。

确实，火山灰弥漫范围广，会遮蔽阳光，但至多数月就会落回地面。真正的“犯人”其实是火山气体中所含的硫化氢、二氧化硫等含硫化合物。大型火山喷发将硫化氢、

大型火山喷发是如何导致全球变冷的

只有那些烟柱上升到平流层的火山喷发才会带来全球规模的影响。火山气体中所含的含硫化合物经化学反应形成硫酸盐气溶胶，长期飘浮在大气中，遮挡阳光，导致气候变冷。这种现象被称为“阳伞效应”。

1991 年，皮纳图博火山（位于菲律宾）喷发，是 20 世纪规模最大的火山喷发之一，在当时生成的硫酸盐气溶胶的影响下，喷发后的数年间，地球平均气温降低了约 0.4 摄氏度

③二氧化硫在阳光下发生化学反应，形成硫酸盐气溶胶。假如这些气溶胶在平流层产生，就会长期滞留在大气中，并随着气流向全球扩散。

④悬浮在大气中的硫酸盐气溶胶反射太阳光。

硫酸盐气溶胶

太阳光

平流层

对流层

烟柱

二氧化硫

火山灰

平流层是距地面 10 ～ 50 千米处的大气层。

⑤这就像在地球上空撑了把遮阳伞，减少了到达地面的阳光。

烟柱没有到达平流层的火山喷发，即使产生了硫酸盐气溶胶，也不会造成全球规模的影响

②火山灰将落回地面，不会弥漫到全球。

①火山喷发时，会喷射出大量二氧化硫等含硫化合物及火山灰。

火山

【冰芯】 第10页 注1

在南极和格陵兰岛，积雪即使到了夏天也不会融化，而是会被自身重力压缩成冰。在这一过程中，气泡也被封在了冰里。钻取这样的冰芯，解析气泡中的空气以及空气中所含的物质，就能了解过去的气候与环境的变化。

【无夏之年】 第10页 注2

1816年夏，诗人拜伦和他的几位客人滞留于瑞士日内瓦湖的湖畔别墅。为了打发阴沉昏暗、连日降雨的日子，他们写起了恐怖小说。当时，拜伦创作了《黑暗》一诗，约翰 · 波里多利写出了《吸血鬼》，玛丽 · 雪莱写出了《科学怪人》，都成了流传后世的名作。

【气溶胶】 第11页 注3

悬浮在空气中的微粒。气溶胶大小不一，既有从东亚沙漠地带飘来的黄沙那样的大颗粒，也有肉眼看不见的微粒。每一颗微粒都能够散射或吸收太阳光，带来全球规模的气候变冷或变暖效果。

二氧化硫等喷射到了平流层，从而形成了硫酸盐气溶胶[注3]，长期悬浮在大气中，成了地球的“遮阳伞”，遮住了阳光。

导致气候变冷的原因不止火山喷发

不止火山喷发，天体撞击、太阳活动的变化、地球公转轨道的变动等也会引发气候的骤变。这样的事件也很有可能成为开启下一个冰期的导火线。

近年的研究认为，冰期在接下来的 3 万年内开始的可能性较低。然而，以 10 万年为周期的时钟正肃然向前走着，寒冷化的倒计时已然开始。

改变地球未来的人类活动

最迟 10 万年以内，地球就会进入下一个冰期。这是基于迄今为止的地球史研究成

近距直击

对人类造成威胁的巨大火山

美国黄石国家公园以间歇泉、色彩鲜艳的温泉等丰富的热泉现象闻名。（截至 2015 年 1 月）在黄石公园地下约 4800 米处有一个 9000 立方千米的超大岩浆池。假如这座火山喷发，其规模将达到菲律宾皮纳图博火山的 100 倍，而菲律宾皮纳图博火山被称为 20 世纪规模最大的火山喷发之一。可想而知，这将是关系到人类存亡的危机。

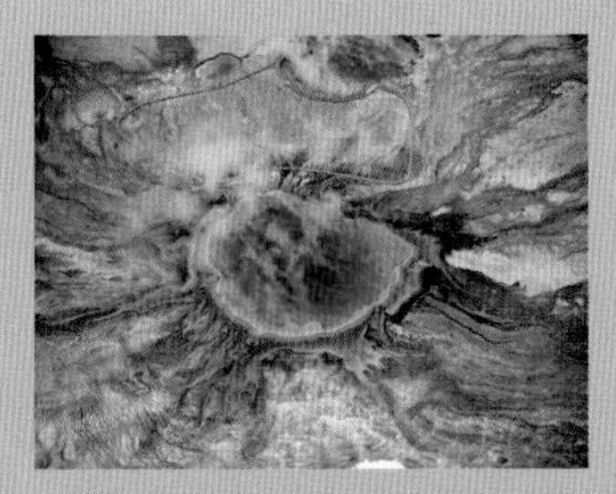

以翡翠池为代表，黄石公园里有上万处热泉景观

沉没的纽约曼哈顿想象图

若只是冰川融化，海平面不会上升到这种程度。之所以会发生图中的情形，是因为气温上升使得飓风变得更加猛烈，从而导致低海拔地区遭受巨大的风暴潮灾害。

截至2100年的气温与海平面上升预测图表

根据今后人类社会的不同发展方向，预测结果也会有所不同。到2100年，气温上升数值最高可达4.8摄氏度，海平面上升数值最高可达82厘米。

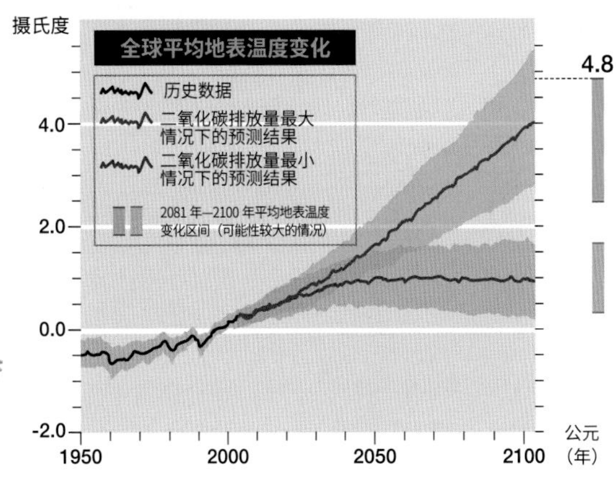

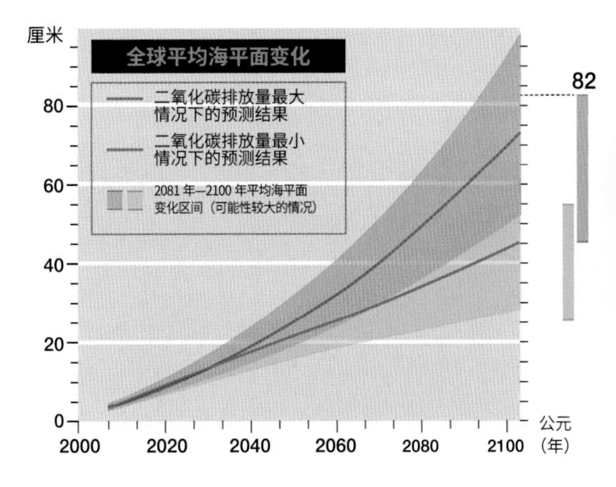

假如海平面上升1米，日本90%的海滨沙滩将会消失。

果所做出的预测。然而，这里没有考虑一个重大因素，那就是人类的存在。

当今人类文明已经具备大幅改变地球环境的能力。化石能源的使用，导致大量二氧化碳被释放到了大气中。不知不觉间，在二氧化碳造成的温室效应下，地球正急速变暖。

为了阻止这一趋势，人们进行了各种各样的尝试，但想要立刻实现化石燃料零使用是不可能的。根据IPCC[注4]（政府间气候变化专门委员会）的最新预测，到2100年，全球气温上升数值最高可近5摄氏度。随着气温的上升，海水将会膨胀，冰盖也将融化，海拔较低的岛屿将会消失。

那么，2100年后会怎样呢？关于这一点，由于不确定因素实在过多，无法给出具体的数值，但研究认为，气温的上升或将持续数百年。此外，也有观点认为，因为大气循环、海洋循环等决定全球气候的各种系统被人类扰乱，要等这些影响平息，可能需要数万乃至数十万年的时间。

人类可能已经将本该在10万年内到来的下一个冰期扼杀在了襁褓中。而相反的观点则认为，在急速的气候变动下，地球的各种系统将陷入紊乱，存在突然跌入冰期的可能性。

自生命诞生以来，地球孕育着生命的演化，生命也持续改变着地球，这是不争的事实。然而，人类改变地球的速度实在异乎寻常。地球从末次冰期最盛期过渡到如今的间冰期，用了1万年，而人类正以超过10倍的速度推动着全球变暖。现生生物根本跟不上这样的速度，也没有足够的时间去进化。如果全球变暖按照这个速度发展下去，恐怕很多生命都将被逼到灭绝的境地。这也是现代之所以被称为“第6次生物大灭绝”时代的原因。最终，地球和生命的共同演化将走向怎样的命运？

科学笔记

【IPCC】 第12页 注4

联合国政府间气候变化专门委员会（Intergovernmental Panel on Climate Change）的简称。世界气象组织（WMO）及联合国环境规划署（UNEP）于1988年联合建立了这一政府间机构。其主要任务是从科学、技术、社会经济学等角度对适应及缓和人类所引发的气候变化及影响的策略进行全面评估。2013年，IPCC完成了第5次评估报告。

来自顾问的话

未来的低碳地球与生命的演化

为适应二氧化碳减少而做好准备的生命

地球有着复杂的系统，预测未来并非易事。然而，针对各种各样的现象，我们仍有必要调查过去出现的类似情况，了解其周期性变化的规律或者说趋势，研究其变化机制，并据此展望地球的未来。

在最近的气候变迁中，较为显著的是以 10 万年为周期的冰期和间冰期的反复交替出现。然而，自从恐龙灭绝、地球进入新生代以来，气候却一路朝着寒冷化发展。一般认为，这背后的主要原因在于大气中二氧化碳浓度的下降。现在，由于人类大量使用化石燃料，大气中的二氧化碳增加了，但这只是暂时的。长远来看，大气中的二氧化碳浓度下降以及随之而来的气候寒冷化已然发生，据预测，这样的趋势今后也会持续下去。

要控制今天的课题——全球变暖，就需要降低大气中的二氧化碳浓度。然而，如果二氧化碳浓度低于某个临界值，植物的生长就将遭受巨大的阻碍。植物在进行光合作用时，需要吸收阳光的能量，并以水和二氧化碳为原料来合成有机物。假如大气中的二氧化碳浓度极端低下，植物的光合作用就会无法进行。为了适应这样的环境变化，有些植物拓展了新的生存空间，它们就是碳四植物。我们所熟知的禾本科植物甘蔗及苋科植物就是碳四植物的成员。据研究，它们的祖先早在 1 亿 4500 万年前的白垩纪就出现了，并于约 700 万年前，也就是喜马拉雅加速隆起的时期，在南亚及西亚扩大了生长范围。

■大气二氧化碳浓度的变化

下图为约 6 亿年以来大气二氧化碳浓度变化的推测曲线。可以看到，虽然大气二氧化碳浓度经历了几次较大幅度的上下波动，但总体呈现下降趋势。

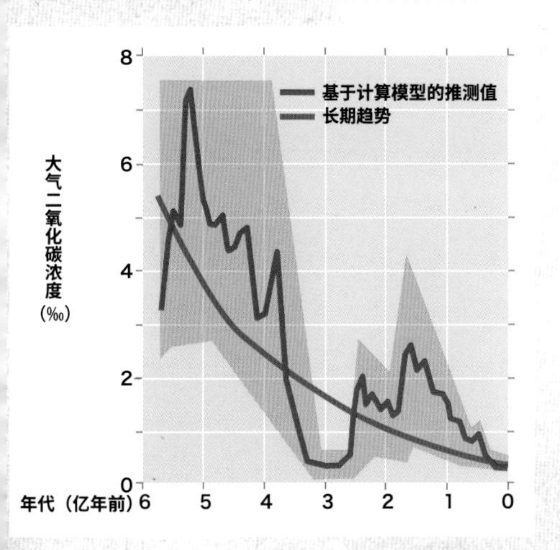

■适应低碳地球的颗石藻与碳四植物

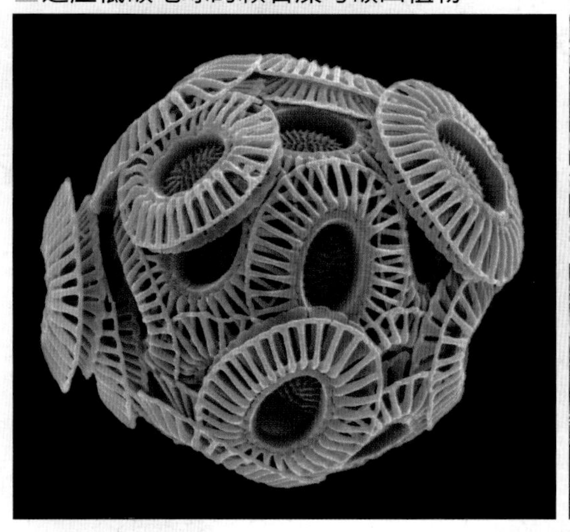

能够适应低碳地球的颗石藻（左图）、碳四植物玉米（右上图）及甘蔗（右下图）。它们的光合作用途径与稻、小麦等其他大部分植物（碳三植物）不同，即使在低碳环境下也能高效地进行光合作用。

海洋里，颗石藻开始做出适应

为适应低碳地球而做好准备的不只有陆地上的碳四植物。最近，研究人员在海洋浮游生物颗石藻的身上也发现了这一现象。颗石藻利用溶解在海水中的二氧化碳进行光合作用，同时也用二氧化碳合成碳酸钙来制作钙质外壳。为了在低二氧化碳的环境中也能高效地进行光合作用，它们能通过氧化反应，从海水中的碳酸氢根中分离出二氧化碳。

在对海底沉积物的研究中，基于大小不一的颗石藻遗骸的碳同位素及氧同位素比值的测定结果可以推测，颗石藻对低碳环境的适应开始于约 700 万年前，与碳四植物的繁荣大致发生在同一时期。

回看一下地球的历史，你会发现，尽管环境变化多端，却总有地球生命能渡过难关，幸存下来，摸索出进化与多样化的道路，并最终走到了今天。颗石藻对低碳地球的适应正是地球生命的灵活性和高适应性的象征。

川上绅一，1956 年出生于日本长野县。毕业于名古屋大学理学部，名古屋大学研究生院地球科学专业博士课程结业，后获得理学博士学位。提出“条纹学”，将地层中的条纹视作记录过去环境变化的“磁带”，据此解读地球的历史。

大陆的未来

2亿5000万年后，地球上将诞生新的超级大陆

假如在未来从宇宙俯瞰地球，那时的大陆会是什么模样？让我们根据数亿年间大陆的移动周期，来预测一下大陆的未来吧。

或许有一天，真的会出现字面意义上的“世界一体”。

从分裂的时代到聚合的时代

自40亿年前诞生以来，地球上的大陆在缓慢移动的同时持续着聚合离散。现在，它们正以相对分散的状态，漂浮在地球表面。

大陆以每年数厘米的速度移动着。要想预测它们的未来，数万年乃至数十万年的时间尺度是远远不够的。事实上，数万年前的大陆分布情况与现在相比，并没有太大变化。

然而，假如以数亿年的尺度来看的话，你就会发现地球上的大陆移动有多活跃。如今我们所生活着的各个大陆，其实是由被称为“泛大陆”的超级大陆分裂而来的。

迄今为止，由地球上几乎所有的大陆汇聚而成的“超级大陆”共出现了4次，也分裂了4次。现在正处于分裂的时期，但接下来应该就是聚集的时期了。

那么，这一次会怎么聚集呢？有学者认为，泛大陆将会再次出现。也有学者认为，下一次的聚集将会呈现出迄今为止地球史上从未有过的形态。让我们一起来看看这些预测未来大陆动态的伟大尝试吧！

2亿5000万年后的地球预想图

数亿年后，所有大陆可能已经基本连成一片，形成了一个超级大陆。这幅预想图是基于各大陆在大西洋闭合的情况下汇聚在一起的预测模型绘制的。也有研究者对此持相反意见，预测大西洋会持续扩张。

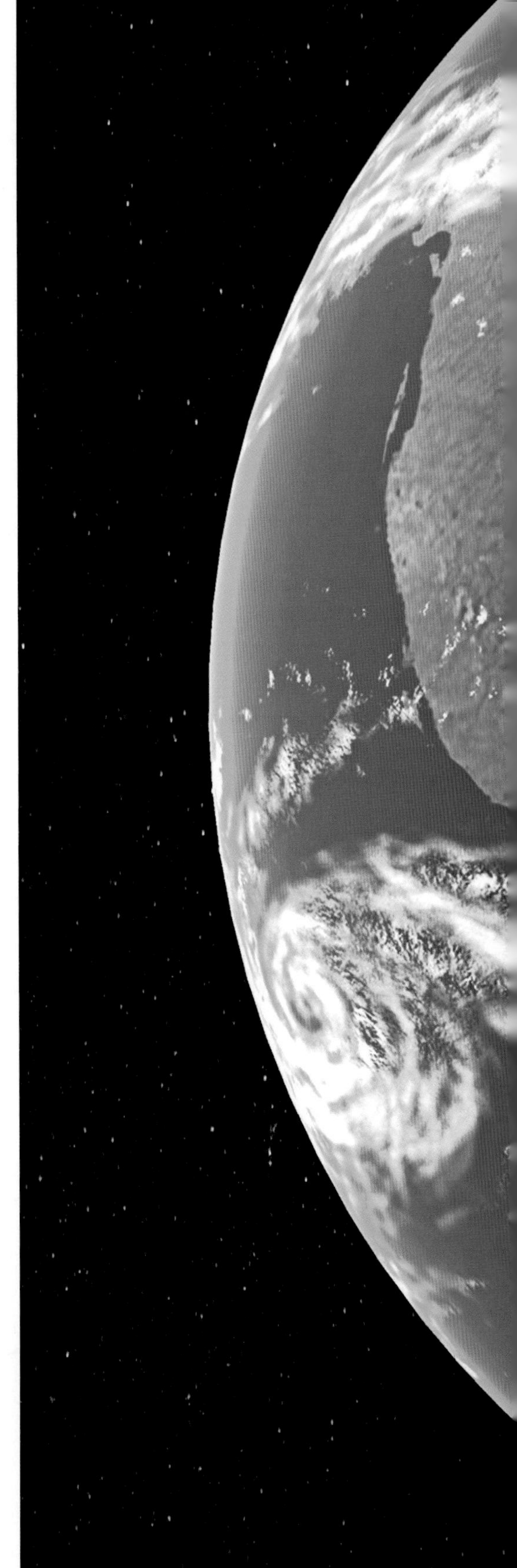

未来超级大陆的 3 种预测模型

基于各模型对大陆动向的预测，推演出的最终的超级大陆形态如下。

①外翻模型

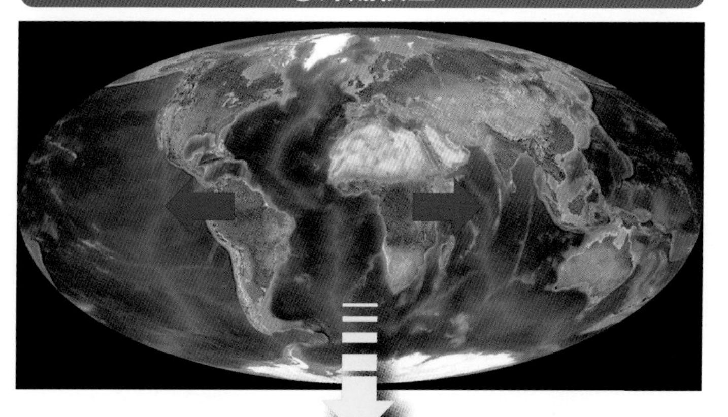

大西洋将持续向左右两侧扩张。北美大陆西端与欧亚大陆、澳大利亚大陆的挤压将使太平洋中的白令海峡消失，形成新的超级大陆。

②内倾模型

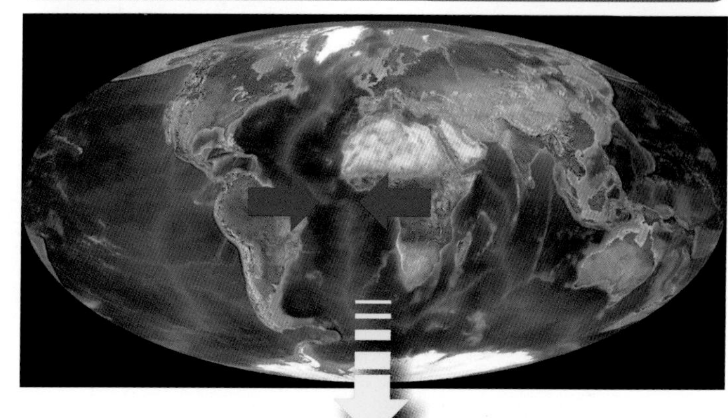

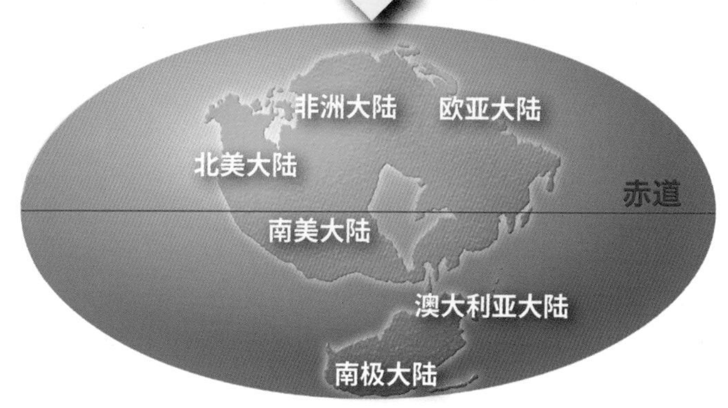

这一模型预测新的俯冲带将在大西洋形成，而大西洋将逐渐闭合。南美大陆、北美大陆的东岸将撞上此前已经合体的非洲与欧亚大陆的西岸。

现在我们知道！

对未来的大陆动向的预测 关于超级大陆的 3 种猜想

现在，分散在地球上的 6 个大陆保持着若即若离的相对位置。这样的状态已经持续了数千万年，似乎在此基础上离得更远一些也没什么好奇怪的。然而，众多地质学家却预测，未来，各个大陆终将聚集起来，形成一个超级大陆。

上述预测的理论依据来自“威尔逊旋回”，即“基于大陆板块与地球内部的地幔对流的关系，大陆会在数亿年间反复进行聚合与分离的循环”。事实上，过去的大陆也的确每数亿年就重复一次合体与分裂。

那么，未来的超级大陆将诞生在哪里，又会是什么样子呢？

对此，许多研究者都提出了自己的预测模型。

是太平洋闭合，还是大西洋闭合？

未来超级大陆的预测模型大致可分为 3 类：外翻模型、内倾模型、垂直转动模型。

平视地球仪，并将大西洋调整到视野中心位置。外翻模型预测大陆将以大西洋为中心向外侧，也就

科技发现

地幔对流的三维模拟

板块运动的驱动力来自地球内部的地幔。如果我们能知道地幔将如何对流，就能预测未来的板块运动。2010 年，日本海洋科技中心的吉田晶树首次成功建立了具有可变形、可移动的大陆岩石圈的地幔对流三维模型。吉田采用了外翻模型对未来大陆进行了模拟，呈现的超级大陆的布局接近左上角的①号模型。

图为模拟驱动板块移动的地幔活动的三维模型

③垂直转动模型

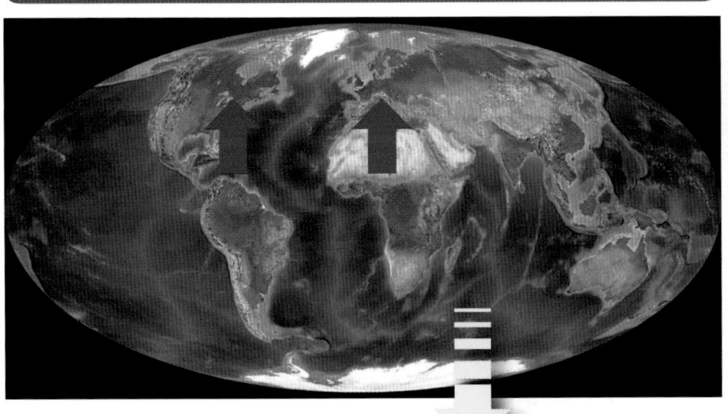

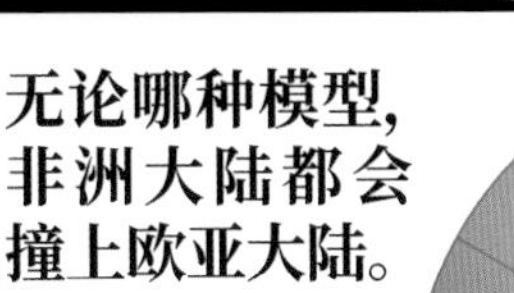

无论哪种模型，
非洲大陆都会
撞上欧亚大陆。

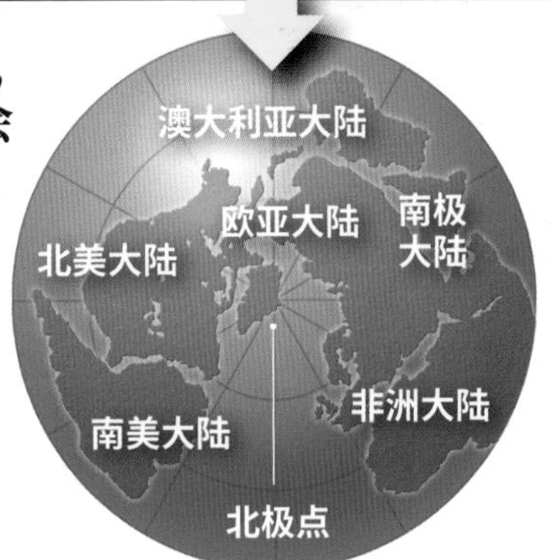

基于对古地磁数据及过去的超级大陆位置的分析结果，研究人员发现，超级大陆往往形成于距离上一个超级大陆90度的位置。因而，他们推测，下一个超级大陆将出现在距离曾经的泛大陆所在位置90度的地方，以北极为中心聚集。

大西洋在持续扩张的证据

穿过冰岛的大西洋中央海岭，现在正在生成新的大洋型地壳。这一被冰岛人称为“gjá”的大地裂缝，正以每年约 2 厘米的速度持续扩张。

是地球仪的背面移动，并合成一体。相反，内倾模型则预测大陆将以大西洋为中心向内侧聚集。

垂直转动模型的基准就不是大西洋了，而是北极点。在这个模型的预测中，当你俯视地球仪时，会看到各个大陆将向着北极聚集。

最早被提出来的是外翻模型。因支持“雪球地球”假说而闻名的地质学家保罗·霍夫曼提出，若大西洋保持现在这样持续扩张的趋势，北美洲太平洋沿岸将会撞上欧亚大陆。因为是美洲与亚洲相接，所以霍夫曼将这一可能出现的新超级大陆命名为“阿美西亚”。尽管不同研究者对最终的大陆形态的预测略有不同，但许多研究者都采用了这一模型。

相反，支持内倾模型的学者则认为，大陆的移动并不会按现状持续下去，大西洋将重复闭合与扩张的过程，就像过去曾发生过的那样。他们猜想在约 3 亿年前“泛大陆”存在过的位置将再次形成新的超级大陆。因为这一模型预测“泛大陆”将会重现，所以他们所设想的超级大陆被称为“终极泛大陆”或“第二代泛大陆”。

地质学家克里斯多夫·R. 史考提斯、罗纳德·布莱克就采用了内倾模型，并分别发表了各自的预测图。这两位学者因曾经绘制过去的大陆分布复原图及未来大陆的预测图而为人所知。

基于地磁学数据的新模型登场

2012 年，完全基于新依据的假说出现了。美国地质学者罗斯·N. 米歇尔等人提出了垂直转动模型。与以往那些基于过去或现在的板块活动的预测不同，这一模型依据地磁学数据来预测未来的大陆走向。

无论板块将按照哪种模型移动，超级大陆再次形成的过程总会伴随着活跃的火山活动和全球规模的寒冷化等气候变动。甚至可能还会像过去泛大陆形成后一样，因为气候变冷而导致植物停止光合作用，海洋发生大规模的缺氧事件。

超级大陆的形成不仅会改变地球的样貌，还将从根本上改变生物的世界。

推测迄今为止存在过的超级大陆

自 40 亿年前地球上首次出现陆地以来，零散的大陆经历了数次分裂与合体。研究认为，从 19 亿年前诞生的最古老的超级大陆努纳算起，地球上共出现了 4 次超级大陆。

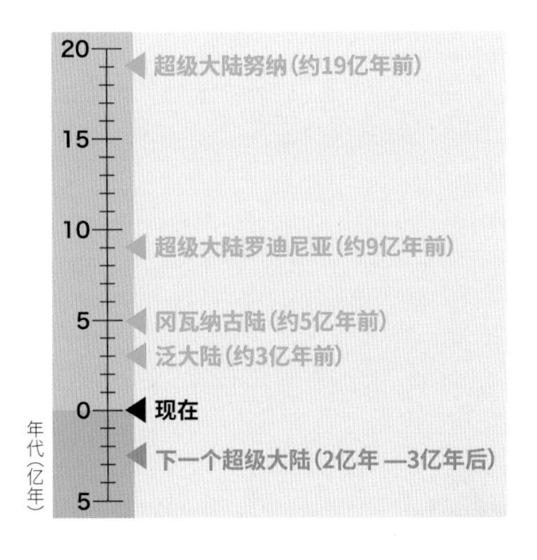

观点碰撞

南极大陆不与其他大陆“汇合”吗？

对大陆地壳移动的预测，换句话说，就是“板块在哪里隐没”的预测。然而，目前南极大陆所在的南极板块周围被海岭包围，俯冲带无从预测。因此，在超级大陆的预测模型中，关于南极大陆的预测有两种，一种是继续孤立，另一种则是在新的俯冲带形成后，向澳大利亚大陆靠近并与之合体。

周围被海岭包围的南极大陆，在下一个超级大陆形成时，或许也依然会孤立存在

新闻聚焦

大西洋发现新俯冲带！

2013 年 6 月，有学者发表了论文，表示在葡萄牙西南洋面约 200 千米处的大西洋海底发现了新的俯冲带。1755 年，伊比利亚半岛曾发生过巨大的地震。有观点认为这次地震后会出现新的俯冲带。这次的发现证实了这一观点。这也为主张迄今为止处于持续扩张状态的大西洋将停止扩张、转而开始闭合的内倾模型提供了有力的补充材料。

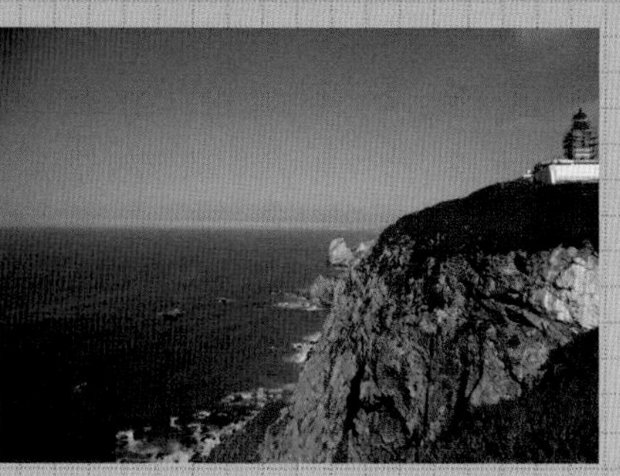

图为葡萄牙境内的罗卡角，位于大西洋边，是欧亚大陆最西端的海角，新的地壳裂口就是在这片海域被发现的

随手词典

【大西洋中央海岭】

海岭是海底的山脉，是熔化的地幔物质自地球内部喷出的位置。其中，大西洋中央海岭为南北走向，几乎位于大西洋的中心。这条海岭呈S形，从北冰洋开始，穿过冰岛、亚速尔群岛，一直延伸到非洲南端海域。

现在

1. 6个大陆处于分散状态

目前，南美大陆、北美大陆、非洲大陆、欧亚大陆、澳大利亚大陆、南极大陆处于各自分散的状态。各大陆所在的板块以每年数厘米的速度移动着。例如，位于太平洋板块的夏威夷群岛正以每年6厘米以上的速度向日本靠近。

5000万年后

2. 地中海消失

据推测，假如板块活动保持现在的趋势持续下去，非洲大陆将嵌入欧亚大陆，而位于它们之间的地中海、黑海、里海将消失。之后，因为非洲大陆持续北上，其与欧亚大陆的边界线上将形成巨大的山脉，就像印度次大陆撞上欧亚大陆时一样。日本列岛将成为欧亚大陆的一部分。

现在的北美大陆
巨大山脉
现在的欧亚大陆
大西洋
现在的非洲大陆
现在的南美大陆
太平洋
印度洋
太
大西洋中央海岭
现在的澳大利亚大陆
现在的南极大陆

俯冲带
海岭
赤道

现在的非洲大陆
巨大山脉
巨大山脉
现在的欧亚大陆
现在的北美大陆
“新地中海”
太平洋
太平洋
现在的南美大陆
现在的澳大利亚大陆
现在的南极大陆
巨大山脉

北美大陆
欧亚大陆
大西洋
非洲大陆
太平洋
南美大陆
印度洋
澳大利亚大陆
大西洋
中央海岭
太平洋
南极大陆

原理揭秘

预测终极泛大陆的形成

一些学者认为，2亿5000万年后，地球上将形成下一个超级大陆，即“终极泛大陆”。它将由包括南极大陆在内的所有大陆聚集而成。从现在的板块动态出发，到形成2亿5000万年后的最终形态为止，让我们详细看看相关学者对这个超级大陆的形成过程的预测吧。本章采用克里斯多夫·R. 史考提斯的基于内倾模型的预测图来进行介绍。

1亿5000万年后

3. 大西洋开始闭合

大西洋中央海岭停止活动，南美大陆、北美大陆东侧形成新的俯冲带。这导致迄今为止都处于扩张状态的大西洋转而开始闭合。澳大利亚大陆向北移动，靠近欧亚大陆。南极大陆也向北移动，与澳大利亚大陆发生碰撞。

2亿5000万年后

4. “新地中海”诞生

大西洋消失，南美大陆、北美大陆撞上非洲大陆。撞击处将隆起，形成巨大的山脉。印度洋将被大陆包围，变成内海，“新地中海”诞生。巨型大陆形成后，内陆地区或许将像如今的澳大利亚大陆一样，变得极为干燥，形成广阔的沙漠地带。

太阳系的未来

太阳在膨胀的同时会逐渐变红。

生命从地球上消失 太阳开始『老化』

有观点认为，10亿年后，太阳的亮度将会增强，释放的热量足以使地球上的海洋蒸发殆尽。地球这颗『生命之星』将迎来末日。并且，在数十亿年后，太阳将步入『老年期』。到那时，太阳系的星星们也将时而激烈、时而安静地老去……

当“水的星球”失去了水的时候

迄今为止，地球上的生命经历了数次几乎让生物全军覆没的生物大灭绝事件，却仍幸存至今。

然而，这样的幸运不可能永远持续下去。因为一手将地球打造成“生命之星”的太阳母亲，将进入她的后半生，而随之而来的，是她逐渐展露的另一面。

假如用人类来打比方的话，目前的太阳是一颗正值壮年的恒星。今后的50亿年里，在年岁增长的同时，其亮度应该还是会一如既往地逐渐增强。

然而，对太阳来说是“一如既往”，地球生命要面临的，却是致命的环境剧变。有学者预测，随着太阳释放的能量强度不断增加，终有一天，地球上的海洋将蒸发殆尽。没有了液态水，生命将无法继续生存。地球，这颗因太阳而生的“生命之星”，也将因太阳而变为“死星”。

不过，即使没有了生命，地球也会继续存在。那么今后，地球的命运将会如何？受太阳支配的地球，与进入“老年期”、边吞噬自己的行星边膨胀的太阳，两者的未来会是怎样？我们一起来看看吧！

巨大化后的太阳逼近地球

50 亿至 60 亿年后，太阳将开始逐渐变大，最终膨胀到进入地球的公转轨道。水星、金星将被吞噬，而地球将在太阳的炙烤下变成一颗灼热的星球。

现在我们知道！

随着太阳的『老化』迎来末日的地球

关于太阳是否会吞噬地球的两种猜想

研究认为，假如太阳的半径达到现在的 200 倍，那么按远近顺序，水星、金星、地球将依次被吞噬（左图）。不过，假如太阳变成红巨星后引力减弱，导致行星的公转轨道向外扩张，那么地球就勉强不会被吞噬（右图）。

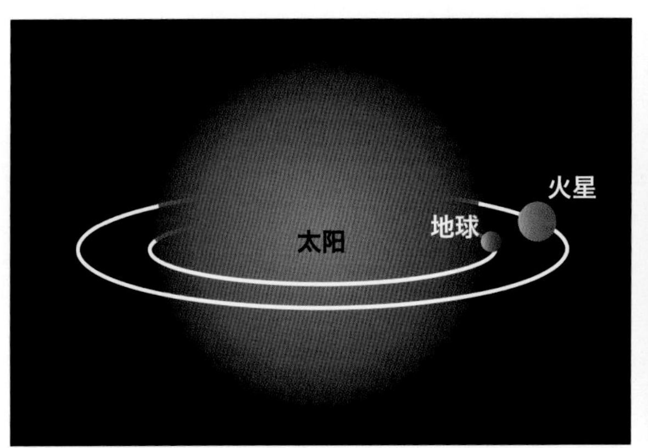

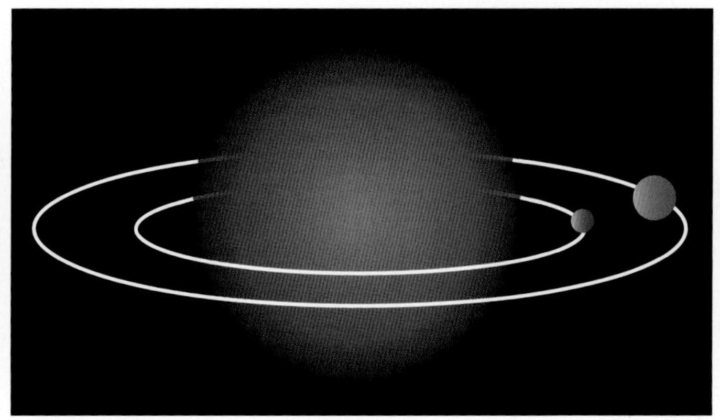

10 亿年后、50 亿年后，地球的未来会是怎样？以 10 亿年的时间尺度来看，掌握着地球命运的既不是冰期 - 间冰期旋回，也不是大陆的周期性聚合分离，而是太阳的“老化”。

虽然谁都无法断言太阳的未来，但太阳毕竟是恒星的一员。而人类对恒星的一生的研究，从 20 世纪初就已经开始了。让我们根据这个领域所积累的知识，来预测一下太阳和地球的未来吧。

使海洋干涸的恶性循环

从开始发光以来，也就是“核聚变”以来，恒星的亮度并不是恒定的，而是在逐渐增强。据研究，太阳的亮度每 1 亿年增长 1%，10 亿年后，将比现在增加 10%。

那么，到时候地球会怎么样？若接收到的太阳能增加 10%，地球上的气温将会上升，从而导致海洋开始蒸发。

海洋有吸收二氧化碳的作用。海水的减少会导致大气中二氧化碳的浓度上升，所产生的温室效应将使气温进一步上升。随着海水的蒸发，大气中将充满水蒸气[注1]。水蒸气的温室效应比二氧化碳更强，所以气温将会更进一步上升。像这样，在气温上升引发的恶性循环下，海水终有一天会完全干涸。届时，地球，这个孕育了丰富生命的摇篮，就将迎来末日。

太阳以吞噬地球之势膨胀

此后，太阳的亮度仍将持续增加。虽然，不同研究者对具体时间有不同的预测，但一般都认为，大约 50 亿至 60 亿年后，太阳将进入老年期。虽然，依靠内部的氢原子核聚变反应，太阳的亮度和形态得以维持，但不久后，当作为燃料的氢原子即将耗尽，收缩和膨胀的平衡被打破时，太阳就会开始巨大化。

这次巨大化的规模将是惊人的。最终，太阳的半径将达到现在的 200 ～ 300 倍。

到那时，围绕在太阳周边的地球和其他行星会怎么样呢？

有观点认为，水星、金星自不必说，连地球的公转轨道都会被太阳侵占。到时，地球肯定会被太阳吞噬，连痕迹都不会留下。

不过，也有观点认为，太阳虽然变大了，但因为气体被释放到了宇宙

杰出人物

天文物理学家
马丁·史瓦西
(1912—1997)

专注恒星演化的研究 为解析太阳的一生做出贡献

当恒星内部的氢原子消耗殆尽后，外侧的氢原子将发生核聚变，以此为契机，恒星的外层将开始膨胀。提出这一说法的是马丁·史瓦西。他的父亲正是启示了黑洞的存在的物理学家卡尔·史瓦西。在这一阶段，随着表面温度的下降，恒星的颜色由黄变红。也因此，开始膨胀的恒星被称为“红巨星”[注2]。研究认为，太阳的一生也将经历这样的过程。

逐渐从地表蒸发的海洋

10亿年后，太阳光将逐渐变强，地球上的海洋将逐渐蒸发。水分变成水蒸气，上升到大气上层，在紫外线的作用下分解成氢原子与氧原子，质量较轻的氢原子就这样逃逸到宇宙中。

科学笔记

【水蒸气】 第22页 注1
温室气体包括水蒸气、二氧化碳、甲烷等多种。其中，水蒸气贡献了一半以上的温室效应，是最主要的温室气体。不过，由于大气中水蒸气的含量不受人类活动直接左右，所以没有被包括在人为原因造成的温室效应气体中。

【红巨星】 第22页 注2
巨星一般是指半径达到太阳半径的10～1000倍的恒星，是演化到较为成熟阶段的主序星临近"死亡"的一种形态。恒星发出的光由热能转化而来，当温度较高时呈蓝白色，当温度较低时呈红色。红巨星的表面温度相对较低，约为3000摄氏度，所以看起来是红色的。

空间中，导致引力变弱，各个行星的公转轨道可能会扩大。在这种情况下，地球大概能逃过一劫，免遭太阳吞噬。

此后，太阳将逐渐收缩，最终甚至不再发光。如果此时地球没有被太阳吞噬，那么它将围着黑暗的太阳继续静静地公转。

智慧生命能否渡过太阳之死的劫难？

上文所提到的太阳与地球的未来，是能够通过恒星研究领域积累的知识来预测的。然而，诞生于地球的文明的未来，却无法通过这些研究来预测。

人类，或者从人类手中接过交接棒的其他智慧生命，能够依靠文明的力量存活多久？是与地球共进退，还是找到适合生命生存的环境并展开星际移民？如果星际移民成功了，那么，新的"生命之星"的历史就将拉开帷幕了。

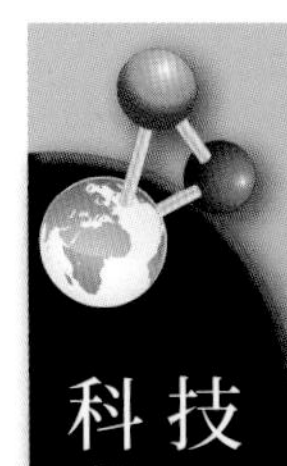

科技发现

观测"星星的一生"的超高性能望远镜

要预测太阳系的未来，在做理论研究的同时，也不能缺少高精度的观测。建于南美洲智利的阿尔玛望远镜（阿塔卡玛毫米/亚毫米波阵列望远镜）是目前最受世人瞩目的高精度望远镜。它能够观测到无法通过可见光观测的深空的气体云等，在探索星球的起源、行星系的诞生等方面被寄予了厚望。

阿尔玛望远镜建于受大气、湿度影响都较小的海拔5000米的沙漠，由66台抛物面天线组合而成

随手词典

【行星状星云】

行星状星云第一次被发现时，天文望远镜的性能还不是很出色，曾一度把它当作行星，因而得名。实际上，它与行星没有关系，而是由位于中心的体积小但温度高的星球照亮的星云（气体）。

4 61亿年后

再次膨胀（渐近巨星支）

中心区的氦耗尽，留下氧和碳。在日核外侧，氦原子与氢原子分别发生核聚变反应，导致向日核收缩的力与向外层膨胀的力的平衡再次被打破，外层再次开始膨胀，太阳的半径将会达到现在的200～300倍。

3 60亿年后

停止膨胀

在持续收缩的日核中，温度上升到了3亿摄氏度，氦原子也开始发生核聚变反应。因此，日核与外层的力再次趋于平衡，太阳停止膨胀，半径缩小到现在的10～20倍。

目前处于这一阶段的恒星

参宿四（红超巨星）

距离地球约600光年的猎户座的1等星。质量达到太阳的20倍。研究认为，参宿四离爆炸及消亡的时期不远了。

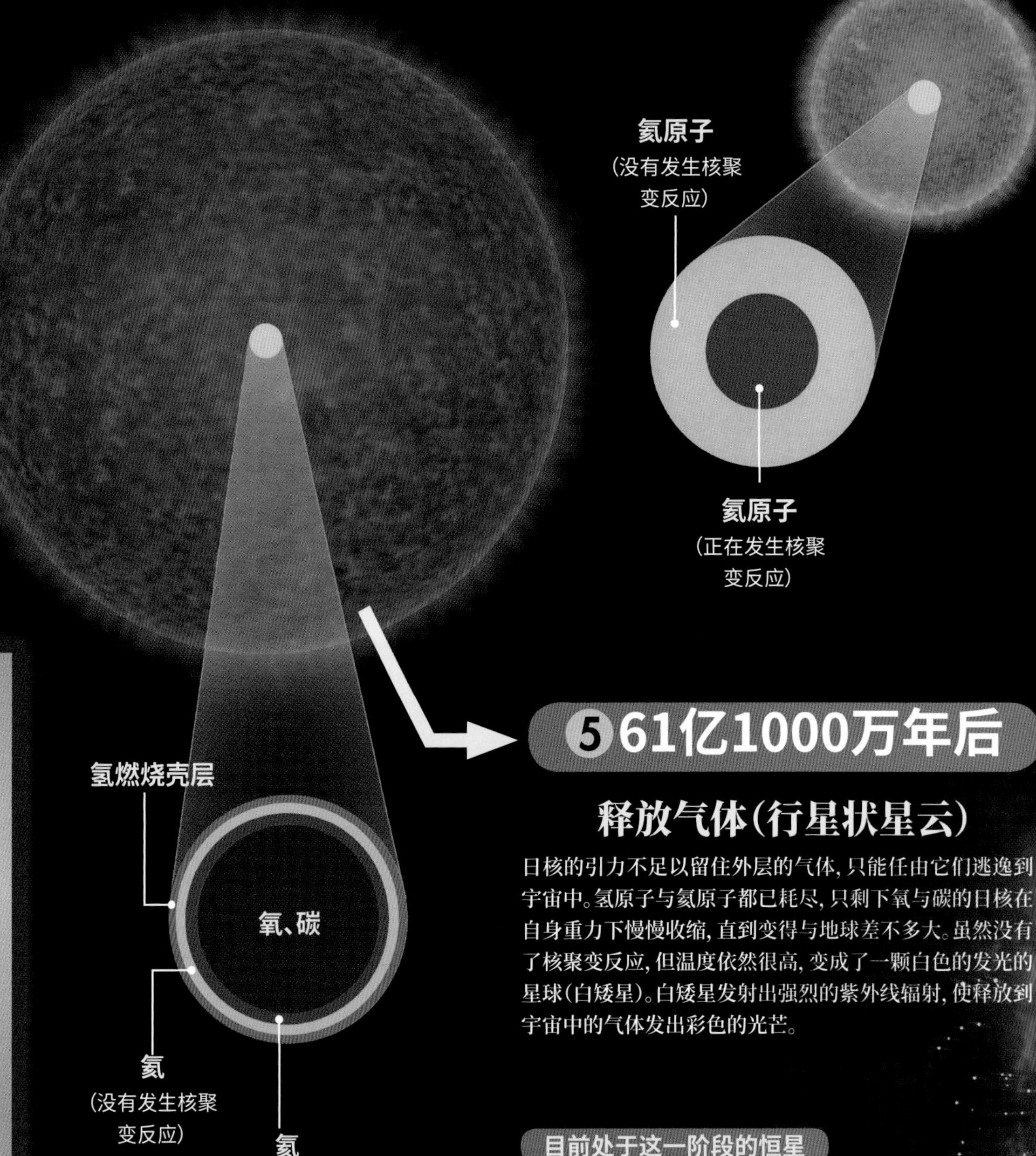

假如太阳是质量比现在大得多的恒星会怎么样？

质量不同，恒星一生的轨迹也会不同。假如太阳是质量在现在8倍以上的恒星，那么它不会形成行星状星云，而是会在变成红超巨星之后经历超新星爆炸。在这两种情况中，从核聚变反应的燃料耗尽，到因自身重力开始收缩的部分是一样的。只不过，拥有8倍以上的质量意味着太阳将无法承受自身的重力，最终，整个太阳都将崩坏。

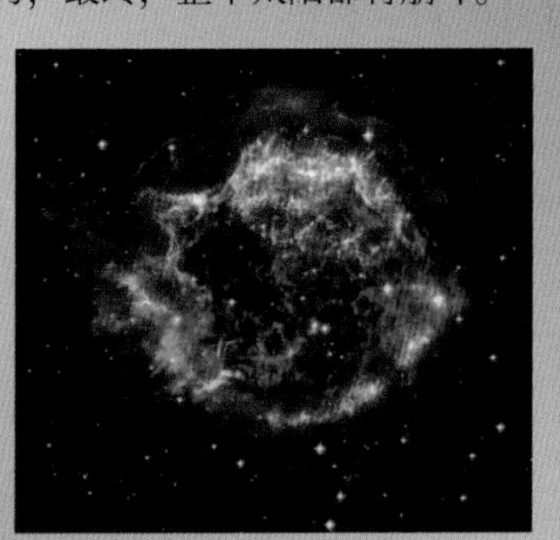

发生过超新星爆炸的仙后座A

5 61亿1000万年后

释放气体（行星状星云）

日核的引力不足以留住外层的气体，只能任由它们逃逸到宇宙中。氢原子与氦原子都已耗尽，只剩下氧与碳的日核在自身重力下慢慢收缩，直到变得与地球差不多大。虽然没有了核聚变反应，但温度依然很高，变成了一颗白色的发光的星球（白矮星）。白矮星发射出强烈的紫外线辐射，使释放到宇宙中的气体发出彩色的光芒。

目前处于这一阶段的恒星

蚂蚁星云（行星状星云）

距离地球3000光年，因外形看起来像蚂蚁的头和身体而得名。两侧的气体是由位于“头”与“身体”之间较细部位的星球喷射出来的。

原理揭秘

通过模拟看太阳的未来

太阳掌握着地球与太阳系其他行星的命运。作为一颗正处于壮年期的恒星，太阳今后将如何走完它的一生？回答这个问题的关键在于太阳中心的日核。让我们一起来了解一下日核的构成，以及太阳是如何一步步走向“死亡”的吧。

①现在

现在的太阳（主序星）

在太阳的中心，持续发生着氢原子撞击生成氦原子的核反应，发出明亮的光芒。中心温度约为1500万摄氏度。

②50亿年后

开始膨胀（红巨星）

氢原子因核聚变而基本耗尽，核反应所生成的氦原子构成了日核。此时，日核因自身重力开始收缩，产生热量，外侧的氢燃烧壳层开始发生核聚变反应。在此之前，向外膨胀的力与向内收缩的力保持着平衡，但日核外侧发生核反应之后，平衡被打破，外层开始向外膨胀，太阳的半径将会达到现在的150倍左右。

中心区放大图

氢燃烧壳层（正在发生核聚变反应）

氦原子（没有发生核聚变反应）

⑦100多亿年后

光消失（黑矮星）

再过数十亿年，太阳从白矮星变成不再发光的黑矮星，成为一颗安静地飘浮在宇宙中的星球。行星也将继续围绕着黑暗的太阳公转。

海王星
土星
太阳
火星
木星
天王星

⑥61亿1000万1000年后

气体消失（白矮星）

气体不久就消失了，留下来的是白矮星和没有被太阳吞噬的太阳系行星。

氧、碳

目前处于这一阶段的恒星

天狼星B（白矮星）

大犬座1等星天狼星由天狼星A与天狼星B组成。伴星B的亮度只有主星A的万分之一。

空间探测器

| Space Probe |

汇集人类技术的精华 接近天体的真面目

为了近距离观测太阳系的天体，自20世纪50年代以来，人类就开始发射能够在太空中航行的探测器。这些探测器四散在太阳系的各个区域。它们能够观测到仅凭地表上的天体望远镜及理论研究无法了解的各个天体的真面目，为地球送来新的信息。

引力弹弓效应

太空中没有空气阻力，因而在匀速直线前进时不需要消耗燃料，但加速、减速或改变方向时，就需要消耗燃料了。不过，假如在靠近行星时利用它的重力来改变速度或前进方向，就可以节省燃料。这被称为"引力弹弓效应"。

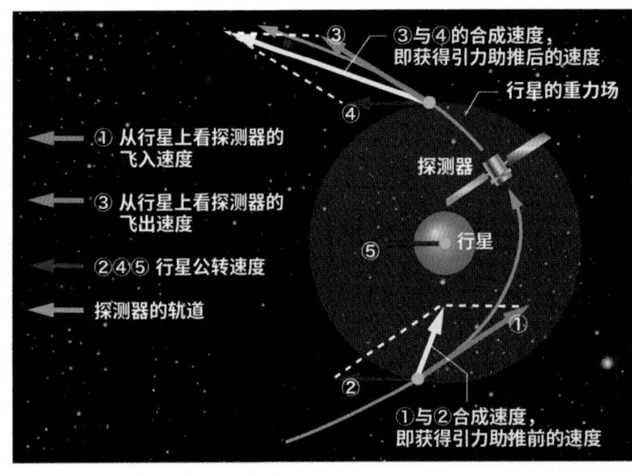

【日出号】

| Hinode |

太阳是人类唯一能够详细观测的恒星。日出号是为了观测太阳而发射的人造卫星。它的重点任务是观测会给地球带来大混乱或灾害的太阳耀斑（发生在太阳表面的剧烈爆发现象）等活动，为未来的太阳耀斑预报做出贡献。

数据	
探测对象	太阳
研制国	日本（国立天文台、日本宇宙航空研究开发机构）、英国、美国
运行时间	2006年至今

太阳表面射出的等离子体

【旅行者2号】

| Voyager2 |

旅行者2号于1979年最接近木星，之后又接近了土星、天王星、海王星，是唯一接近过4颗行星的探测器。虽然目前它正在飞离太阳系，但依然和地球保持着通信。旅行者2号携带着一张收录了地球信息的"旅行者金唱片"，承载着与外星智慧生命沟通的使命。

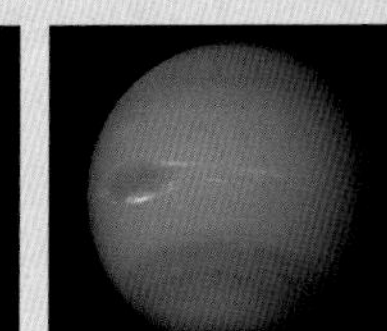

天王星（左）与海王星（右）

数据	
探测对象	木星、土星、天王星、海王星
研制国	美国（美国国家航空航天局）
运行时间	1977年至今

【信使号】

| MESSENGER |

水星是太阳系中被探测最少的行星。信使号是真正意义上致力于探测水星的探测器。为了向水星靠近，信使号多次借助地球与金星的引力弹弓效应，终于在2011年滑入水星轨道，对水星展开了详细的探测。

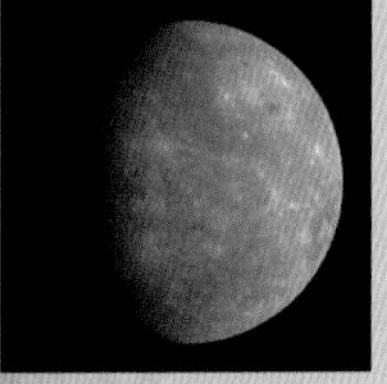

信使号拍摄的水星表面

数据	
探测对象	水星
研制国	美国（美国国家航空航天局）
运行时间	2004年—2015年

近距直击

宇宙探测先锋——"月球计划"

"月球计划"是指苏联成功实现的首次无人探月工程。从1959年至1976年，苏联共发射了24个月球探测器。这一系列探测器的首位成员月球1号是史上第一个摆脱地球重力的人造物体。

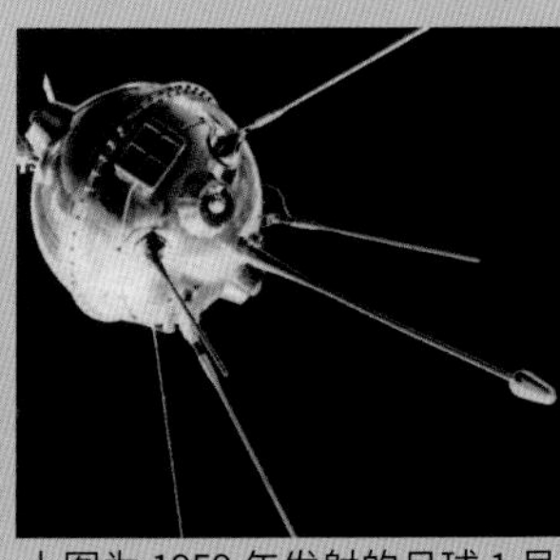

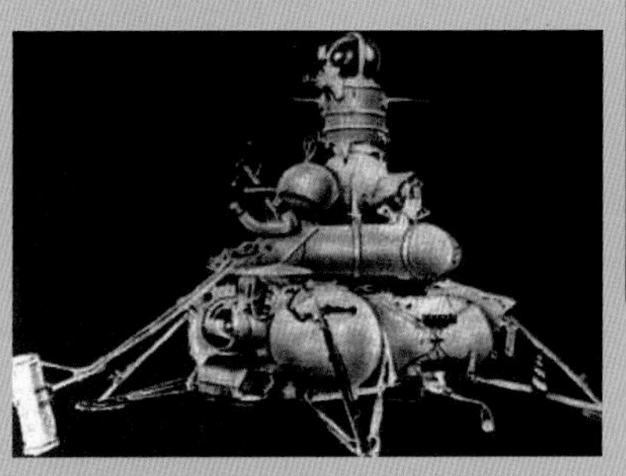

上图为1959年发射的月球1号探测器，左图为1970年发射的月球16号探测器

【卡西尼号】

| *Cassini* |

卡西尼号是土星探测器。它借助金星、地球、木星的引力弹弓效应进入环绕土星的预定轨道，在观测土星的光环、大气、卫星（土卫二）方面取得了重大成果。此外，它还向土卫六（又称泰坦星）投放了小型探测器惠更斯号并使之成功着陆。

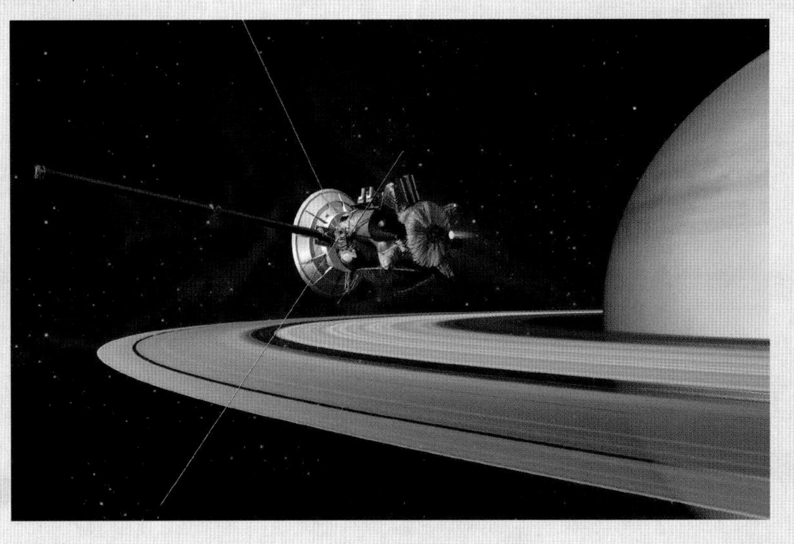

上图为卡西尼号拍摄的土星，左图为卡西尼号拍摄的木星，在这次探测中，人们发现木星表面的斑纹其实是类似地球上的风暴气旋的现象

数据	
探测对象	土星
研制国	美国（美国国家航空航天局）、意大利（意大利航天局）、欧洲（欧洲航天局）
运行时间	1997年—2017年

【麦哲伦号】

| *Magellan* |

金星被含有浓硫酸的稠密大气包裹，导致无法通过可见光观察其表面。为此，人类发射了麦哲伦号探测器，使用雷达进行高精度的观测，它为了解金星的面貌做出了重要贡献。1994 年，麦哲伦号完成了使命，在进入金星大气后被烧毁。

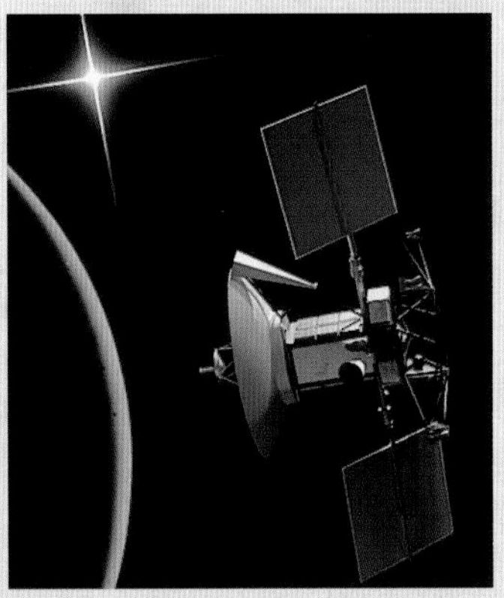

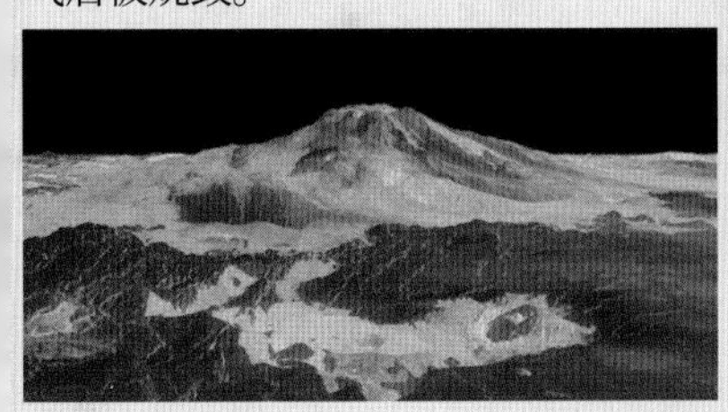

图为基于麦哲伦探测器发回的数据制作的金星上的火山——玛阿特山的三维立体图，此图中的纵向比例被放大了

数据	
探测对象	金星
研制国	美国（美国国家航空航天局）
运行时间	1989年—1994年

【好奇号】

| *Curiosity* |

好奇号是美国国家航空航天局的宇宙飞船“火星科学实验室”所装备的火星探测车，于 2012 年着陆火星。它搭载有 17 台相机，可以在移动的同时进行广角拍摄。此外，它的任务还包括钻取岩石样本进行分析，并探索过去及现在生命存在的可能性。

美国国家航空航天局表示，根据好奇号的调查，火星上或许曾经存在过湖泊

数据	
探测对象	火星
研制国	美国（美国国家航空航天局）
运行时间	2011年至今

新闻聚焦

奖金总额 4000 万美元的登月竞赛

2007 年，一项民间发起的无人登月竞赛拉开了帷幕。根据比赛规则，在 2017 年 12 月 31 日前，让完全由民间自制的无人探测器登陆月球，能够在月球表面移动 500 米以上并拍摄视频和照片传回地球的团队将会获胜。这就是由美国的非盈利组织“X 大奖基金会”运营、谷歌赞助的“谷歌月球 X 大奖赛”。截至 2014 年 11 月，全球共有 18 个团队报名参赛。

日本的研发团队“白兔”参加了这一竞赛

【隼鸟号】

| *Hayabusa* |

隼鸟号的主要任务是对被称为“离子引擎”的火箭发动机的试验，以及前往小行星“丝川”进行探测并采集样本。它是第一个成功登陆小行星、取样并带回地球的探测器。后继探测器隼鸟 2 号已于 2014 年 12 月发射升空。

数据	
探测对象	丝川（小行星）
研制国	日本（日本宇宙航空研究开发机构）
运行时间	2003年—2010年

隼鸟号成功到达的小行星“丝川”

大自然筑造的“条纹迷宫”

波奴鲁鲁国家公园

位于澳大利亚西澳大利亚州，2003 年被列入《世界遗产名录》。

在西澳大利亚州波奴鲁鲁国家公园的一角，橙黑条纹相间的奇岩像迷宫一样分布着。这些形状奇特的岩石是由约 3 亿 5000 万年前沉积而成的砂岩经过约 2000 万年的侵蚀而形成的。岩石上那些令人印象深刻的条纹则是由岩层中蓝藻繁殖量的差异造就的。在多重自然因素的作用下，令人惊叹的景观就这样诞生了。

“迷宫”是这样诞生的

约 2000 万年前

约 3 亿 5000 万年前，这一带是平缓的砂岩平原。土壤较为松软的部分受到侵蚀，于 2000 万年前形成了皮卡尼尼峡谷。

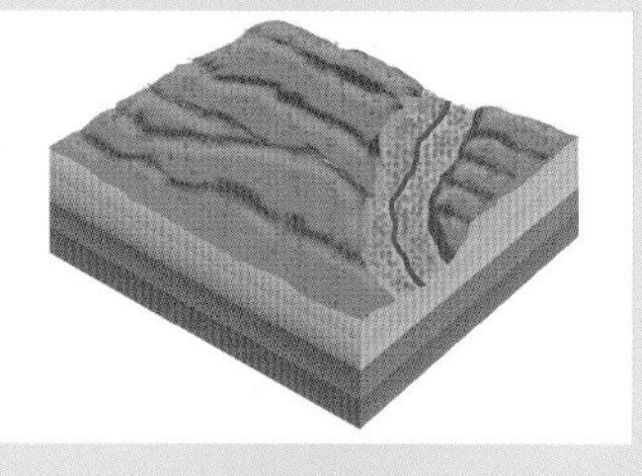

自 2000 万年前以来

在风雨的持续作用下，土壤较硬的部分也受到了侵蚀。终于，这里变得峡谷遍布，形成了奇岩像肋骨一样排列的地貌。

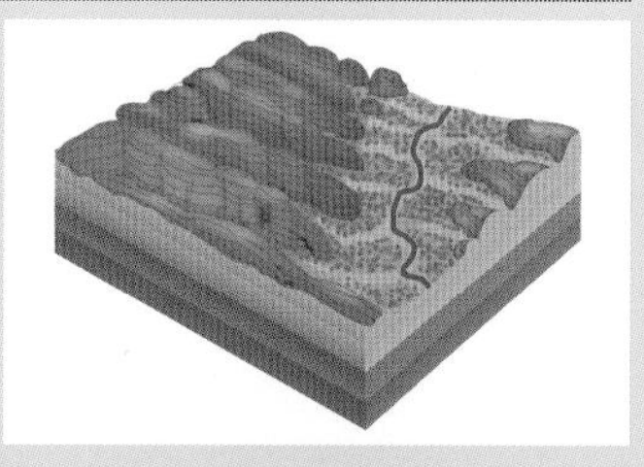

现在

这一带的山脉被称为“邦格尔邦格尔”，这一称呼取自澳大利亚原住民的语言。因为条纹状的奇岩看起来像蜜蜂，所以也常被比作蜂巢。

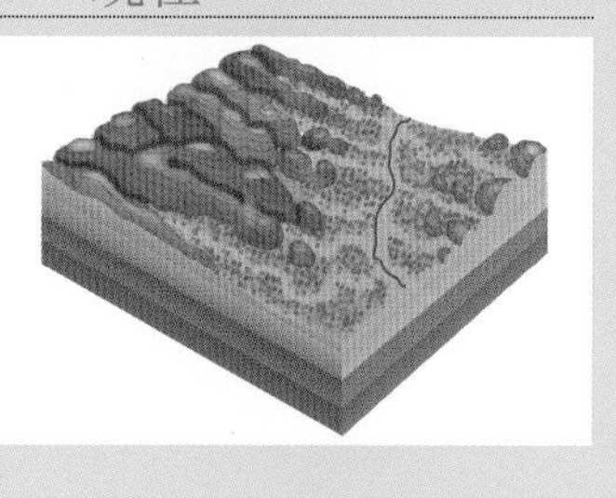

充满神秘感的红褐色
“邦格尔邦格尔”奇观

石山中较高的可达 250 米。这样的景观主要分布在公园的南侧。公园的北侧则有一条深 300 米的大峡谷。南北不同的景观是公园的一大特色。因为直到 30 多年前才广为人知，且在每年 12 月至次年 3 月的雨季期间难以进入，所以这一带至今依然充满着秘境的神秘感，这也是它的另一大特色。

死亡冰柱

南极的冰层下发生了什么？

在极寒的海里，有时会出现一种非常罕见的像钟乳石一样的冰柱。英国广播公司摄制组的镜头捕捉到了它的样子，这美丽又残忍的『冰之触手』到底是什么？

在海面几乎被冰层封闭的南极海洋里，一条龙卷风状的白色柱体从冰面向海底延伸着。在广阔的海底，红色的海星正悠然地聚在一起。海胆、海螺等也栖息在这里。

不久，“白色龙卷风”的前端抵达了海底。海星群似乎察觉到了危险，开始四散逃窜。刚才的“白色龙卷风”现在宛如恶魔的触手，开始在海底匍匐前行。被“触”到的海星瞬间冻结。仿佛因惊恐而滚翻在海底的海胆也遭到了“白色触手”的袭击，突然无法动弹。海底变得尸骨累累。在海星的尸体上，冰晶闪烁着光芒。

究竟发生了什么？

为什么会出现死亡冰柱?

在北极、南极等地的海域，覆盖海面的冰层下有时会出现一种极为罕见的“海洋钟乳石”现象。这种现象被命名为死亡冰柱，早在20世纪60年代就已经被观测到了。

死亡冰柱的英文名“Brinicle”是由“brine（盐水）”与“icicle（冰柱）”组成的合成词，直译过来就是“盐水冰柱”。我们对瀑布结冰的现象并不陌生，但为什么类似的冰柱会出现在寒冷的海洋里呢？

淡水的冰点为0摄氏度，而海水的冰点则因盐度而异。在南极，一般情况下，当温度下降到零下1.8摄氏度左右时，海水就会开始结冰，盐度越高，冰点越低。

地球物理学家表示“死亡冰柱多形成于海面处于结冰过程中的较薄的海冰处”。

当风停了，海面温度低下，海洋表面的水开始结冰时，盐分会析出。海面逐渐被淡水形成的冰覆盖，而析出的盐分则留了下来，形成盐度极高的海水。

麦克默多湾位于新西兰以南，是南极洲罗斯海的一部分，在被海冰覆盖的极寒季节，海面上甚至会有小型冰山漂浮，美国的观测基地就建在湾内的罗斯岛海岸

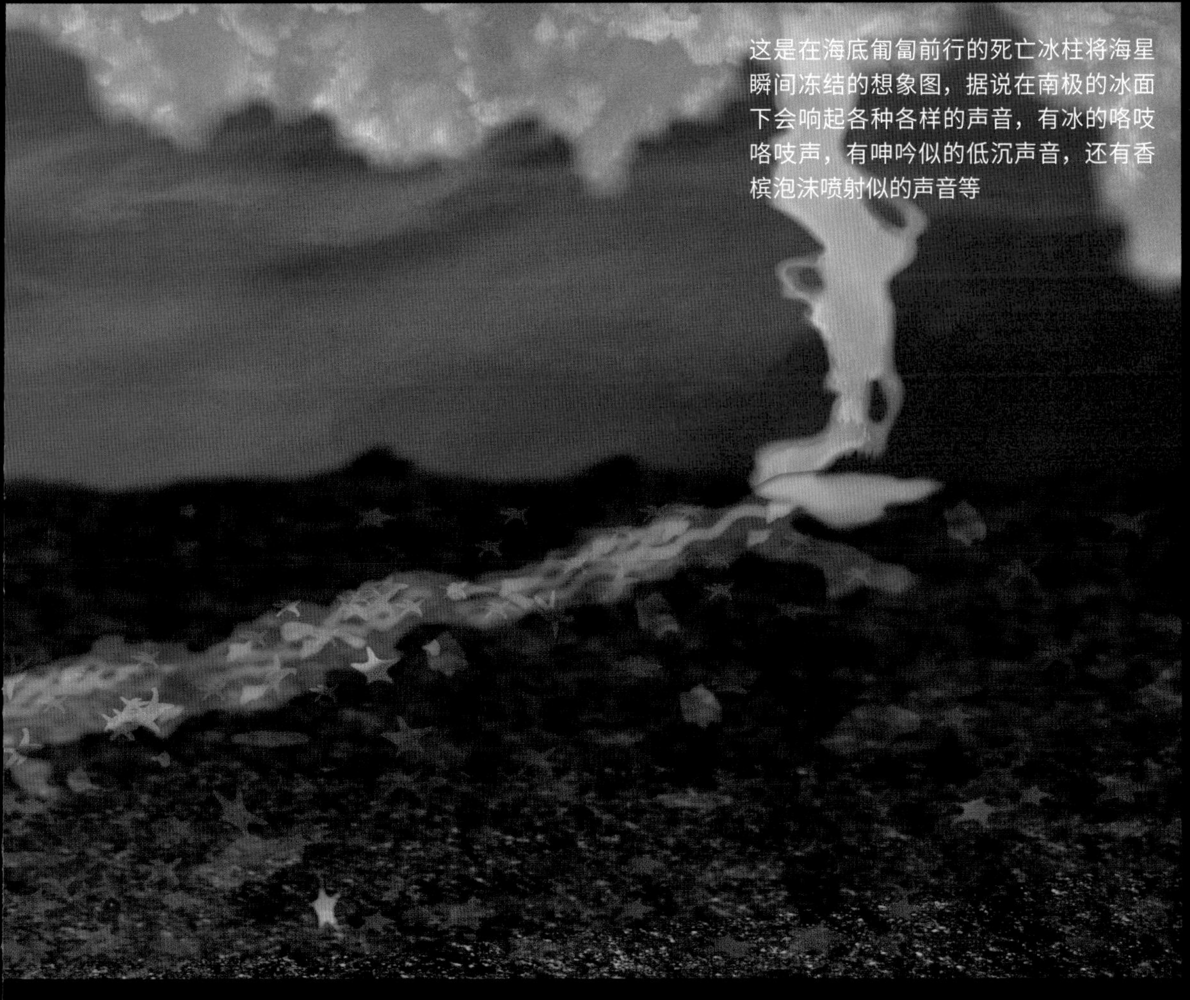

这是在海底匍匐前行的死亡冰柱将海星瞬间冻结的想象图，据说在南极的冰面下会响起各种各样的声音，有冰的咯吱咯吱声，有呻吟似的低沉声音，还有香槟泡沫喷射似的声音等

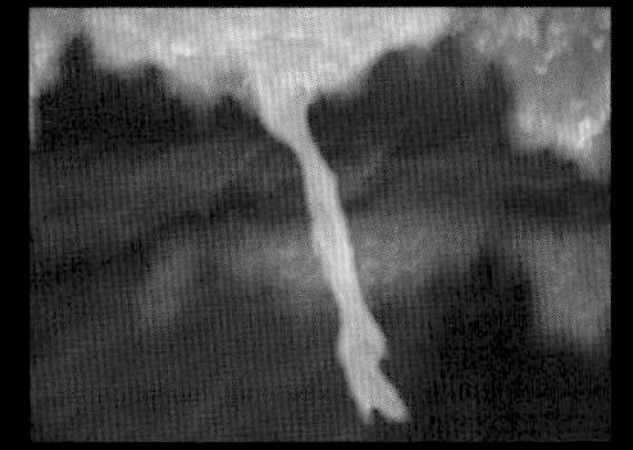

死亡冰柱让周围海水凝固的同时缓缓地向海底延伸

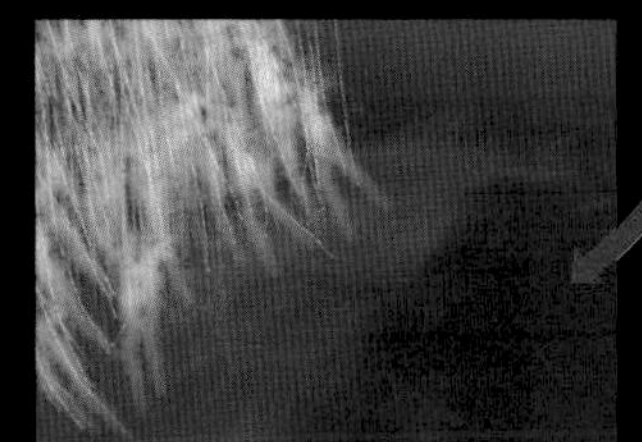

死亡冰柱的前端，在下沉的同时，冰晶的密度也在变大

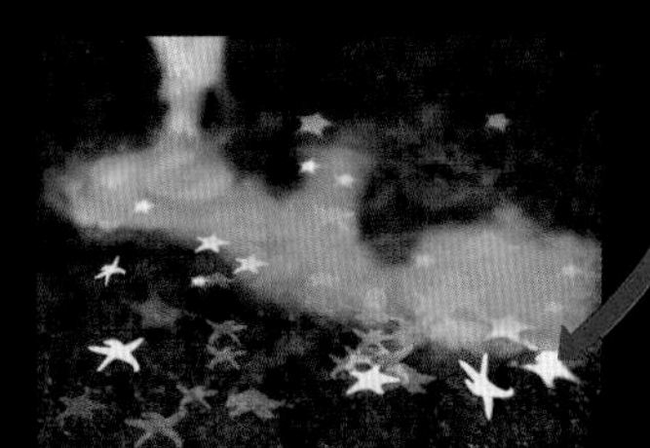

终于到达海底，匍匐徘徊，连适应极寒环境的海星也难逃一死

当海面温度进一步急速下降、与海面下的水温拉开距离时，这些高浓度的盐水就会像被空气塞进了海里似的，开始缓缓下沉。这股盐水的温度非常低，导致周围温度相对较高的海水慢慢凝固，逐渐形成了白色的冰柱。死亡冰柱就诞生了。这才是“白色龙卷风”的真面目。

在死亡冰柱内，盐水依然是液态的，在各个冰晶之间形成了细小的水路网，看起来就像是含有大量海水的海绵，又像冰做的管道。其内部的温度极低，称得上“超冷”。

然而，以上所述都停留在理论层面。在 2011 年英国广播公司的摄制组潜入海底前，死亡冰柱的形成过程一直都是个谜。

发生在麦克默多湾海底的惨剧

在南极大陆麦克默多湾罗斯岛附近的海域，冬天即将过去的时候，海面风平浪静，海水清澈明净。

在海面冰层的保护下，海洋内部得以避开外界残酷的自然环境。从 2500 万年前开始，水温就一直保持在零下 2 摄氏度左右，几乎没有变过。红色的海星，还有海胆、海螺、海绵动物等，这些适应了这样的环境并发生了演化的生物在这里繁衍生息。

顺带一提，这些生物之所以能在零下 2 摄氏度的水中生存，是因为它们体内有抗冻蛋白。

如果细胞内的水分结冰，细胞就会坏死，不过结冰本身就是冰晶不断结合在一起，变得越来越大的现象。抗冻蛋白能够在冰晶较小、尚未对细胞造成伤害的阶段，附着在冰晶的表面，阻止冰晶的增大。

英国广播公司的摄影团队潜入海里时，海面上的温度为零下 20 摄氏度，海水的温度为零下 1.9 摄氏度。不久，覆盖在海面上的薄薄的冰层下，出现了上文提到的死亡冰柱。

过了 3 小时左右，死亡冰柱到达了约 2 米之下的海底。然后，它在海星、海胆的乐园匍匐前行了 6 米左右。这些生活在极寒之地的生物行动非常缓慢，即使发现了那只“白色触手”也已经来不及逃跑了。它们身上虽然有抗冻蛋白，但在遇到过于急速的冷却时也无能为力。

不知人类接触到死亡冰柱会怎么样？

死亡冰柱的确令人惊叹，不过，在极寒的海洋里，或许还有更加超乎想象的现象。

Q 如果全球变暖导致地球上的冰全部融化，日本列岛将会沉没吗？

A 如果地球上现有的冰全部融化，地球会变成什么样？根据美国《国家地理》杂志的模拟，地球上所有的冰都融化需要约5000年的时间，届时，全球海平面将上升超过66米。那么，假如真的发生了这样的情况，日本列岛会怎么样呢？在上述模拟中，美国《国家地理》杂志绘制了所有冰都融化后的"世界地图"。这幅设想中的地图显示，虽然日本列岛的大部分地区不至于完全沉没，但是关东平原和大阪、名古屋等海拔较低的城市基本上逃不过被淹没的命运。

图为世界上海拔最低的国家马尔代夫的首都马累，在海拔1米左右的环礁上生活着大约12万人，据推测，到2100年部分海拔较低的城市将基本被海水淹没，马累就是其中之一

Q 在人类灭亡后的地球上，繁盛的将会是什么样的生物呢？

A 1亿或者2亿年后，人类很可能已经灭绝。在那时的地球上，繁盛的会是什么样的生物呢？面对这个难以回答的问题，苏格兰古生物学家、科学作家杜格尔·狄克逊及其团队从科学依据出发，尽可能地给出了答案。他们访问了数十位不同领域的科学家，对未来地球上将发生怎样的演化、出现什么样的生物进行了预测。借助计算机动画技术，有关这些未来生物的影片《未来狂想曲》登上了荧屏，一度成为全球热门话题。

左图为想象中2亿年后地球上的最高智慧生物、乌贼的后代——捷树鱿，它们体形较小，主要生活在树上；右图为想象中从鱼类进化而来的能够飞行的翼飞鱼，它们的鳍演化成了翅膀

Q 约1亿8000万年后，地球上的一天将变成25小时吗？

A 从较长的时间尺度看，地球的自转速度在变慢。100年后，1天的时长约为24小时+2毫秒。若按照这个趋势发展下去，5万年后增加约1秒，而到1亿8000万年后，1天的时长将比现在多出1小时左右，即变成25小时。不过，这只是理论计算层面的数据。一般认为，潮汐引发的海水与海底的摩擦（潮汐摩擦）是地球自转速度减缓的主要原因之一，但由于除此之外还涉及到许多复杂因素，所以计算起来非常复杂。而且，事实上地球自转速度并非一直保持减缓的趋势，有时也会出现不规则的加速情况。也就是说，1天的时长只会在很小的范围内波动。

Q 人类的"火星移民计划"真的可行吗？

A 2012年，一家名为"火星一号"的荷兰机构提出了将人类送到火星居住的"登陆火星计划"，并公开招募志愿者，轰动一时。该机构声称将在2023年前将志愿者送到火星居住，并搭建食物生产单元、居住单元以及太阳能板等设施。尽管该机构表示已与数家拥有宇宙开发技术的企业展开了合作，但是多数专家从技术、资金等层面出发，对这项计划持否定态度。自20世纪70年代以来，以美国国家航空航天局为代表的多国研发机构就开始探索与"太空移民"或者旨在改造其他星球的环境使之适应人类生存的"地球化"相关的技术，但要真正实现这些设想似乎还有很长的路要走。

这是火星居住地的设想图，这项"登陆火星计划"只提供"单程票"，志愿者将无法返回地球

矿物与人类

46亿年前至今

第 35 页 图片 / istock 网站 / 韦尔希宁 - M
第 36 页 图片 / 阿玛纳图片社
第 38 页 插画 / 真壁晓夫
描摹 / 斋藤志乃
第 41 页 图片 / PPS
第 42 页 图片 / 小宫刚
第 43 页 图片 / PPS（绘画）、松原聪（矿物图片）
图片 / 美国国家航空航天局 / 喷气推进实验室 - 加州理工学院 / 托莱多大学
第 44 页 图片 / PPS
图片 / 世界历史档案馆 / 阿拉米图库
插画 / 真壁晓夫
第 45 页 本页图片均由 PPS 提供
第 47 页 图片 / 123RF
第 48 页 本页图片均由松原聪提供
第 49 页 图片 / 松原聪
图表 / 三好南里
图片 / 志村俊昭，山口大学
第 50 页 图片 / 照片图书馆（1）、阿玛纳图片社（7、53）、罗布·拉文斯基 / iRocks 网站（31）、
新居浜工业高等专门学校柴田亮副教授提供（35）、松原聪（提供除上述外的本页所有图片）
图表 / 三好南里
第 53 页 图片 / PPS
第 54 页 本页图片均由 PPS 提供
第 55 页 图片 / 土耳其安纳托利亚文明博物馆
本页其他图片均由 PPS 提供
第 56 页 图片 / 写真素材网
图片 / PPS
本页其他图片均由照片图书馆提供
第 57 页 本页图片均由松原聪提供
第 58 页 本页图片均由松原聪提供
第 59 页 图片 / 阿玛纳图片社
图片 / 朝日新闻出版
本页其他图片均由松原聪提供
第 60 页 本页图片均由 PPS 提供
第 61 页 图片 / Aflo
第 63 页 图片 / PPS、PPS
图表 / 根据吉田敬义等人 2013 年的研究成果制作
图片 / 照片图书馆
第 64 页 图片 / 日本岩见泽市乡土科学馆
本页其他图片均由松原聪提供

—顾问寄语—

日本国立科学博物馆名誉馆员、名誉研究员　**松原聪**

构成包含矿物在内的地球上所有物质的元素诞生于宇宙，现在，它们依然循环着“聚散离合”的过程。
人类发现矿物后，便把它当成了一种原料，从中提取出金属，用于制造工具，以及合成更好的材料。
我们都知道，元素的概念是化学的基础，而帮助人类发现元素概念的，也是矿物。
不仅如此，矿物那不可思议的精巧造型和难以言喻的美感，也无数次激起了人类的好奇心和探索欲。
希望大家能够从矿物身上体验到地球 46 亿年的浪漫。

巨大的晶体洞窟

这真是一派令人瞠目的景象！洞窟内分布着数不清的闪耀白光的柱子，这些柱子就是矿物透明石膏的巨大晶体。它们是在墨西哥奈卡矿的洞窟中被发现的，该矿洞因此得名“奈卡水晶洞”。透明石膏本身并不是稀有的矿物，但长达11米的透明石膏晶体，目前只在奈卡矿洞中发现过。地球大约诞生于46亿年前，科学家认为当时地球上存在的矿物非常有限，但现在，我们在地球上发现的矿物种类已大约有5000种。奈卡矿洞中的透明石膏晶体，也是其中之一。在漫长的地球历史中，矿物和生物一样，也历经了数不清的“磨难”，才发展到如此多样的繁盛状态。

墨西哥北部奇瓦瓦州的奈卡矿有一个“水晶洞”

2000年，这个沉睡于地下300米深处的“水晶洞”被发现了。此前，虽然也在奈卡矿发现过类似的矿物晶体群生的洞窟，但如此巨大的晶体，还是首次发现。发现之初，洞窟里其实充满了地下水，随着开发的进行，工人们抽干了地下水，矿物晶体才完全暴露了出来。

孕育矿物的

深达几千米至十几千米的地壳深处，由于地质构造运动形成了很多空隙。这些空隙被来自岩浆的高温液态水填满，在水中形成了很多闪耀着美丽光彩的矿物晶体——如云母、石英、萤石、绿柱石等。矿物晶体形成于岩浆在地层里冷却的过程中，但由于长期浸泡在高温水中，矿物晶体就不断变大，并形成精美的形态。当然，这只是矿物形成的方式之一。地球培育出的种种矿物，是对我们人类莫大的馈赠。

石英
电气石
云母
黄玉
萤石
绿柱石

矿物的起源

矿物诞生于宇宙 在地球实现多样化

矿物故事的开端，还要追溯到大约 138 亿年前的宇宙大爆炸时期。平时我们身边那些不起眼的岩石，也是由各种各样的矿物构成的。现在，我们就来听一听那遥远的矿物故事吧。

矿物的漫长故事，该从哪儿开始说起呢？

地球由微行星发展而来 微行星中就含有矿物

矿物到底是什么？一提到矿物，可能很多人想到的是熠熠生辉的宝石。宝石确实属于矿物，但宝石并不是矿物的全部。

矿物的故乡，是构成地球的岩石，它是由一种或多种矿物集合在一起形成的。

大约 46 亿年前，太阳诞生了。刚刚诞生的太阳周围，散布着大量尘埃和气体，这些微尘和气体聚集在一起，就成了微行星[注1]。据科学家研究，在微行星中，就存在橄榄石或辉石（斜方辉石）等矿物。

微行星经过反复撞击、合体，就形成了地球。

原始地球形成之初，表面就是一片熔岩的海洋。随着温度的降低，岩浆冷却下来，就形成了一种暗绿色的橄榄石。又经过反复熔融、冷却，岩浆发生了分化，生成玄武岩、花岗岩等岩石。到现在，玄武岩和花岗岩也是比较常见的岩石，我们在身边的自然环境中常常能看见它们。玄武岩中含有橄榄石、辉石（单斜辉石）、斜长石等矿物；花岗岩中含有石英、黑云母、钾长石等矿物。

诞生于宇宙之中的元素形成矿物，矿物又构成地球。随着时间的推移，地球又形成新的矿物。

含有矿物的微行星撞击原始地球

微行星经过反复撞击、合体，形成了地球。据研究，微行星中至少含有橄榄石、辉石（斜方辉石）等 100 多种矿物。

现在我们知道！

地球上诞生的矿物形成了各种各样的岩石

矿物和岩石，到底源自何处，诞生于何时呢？在故事的开头，我们已经讲过，这个问题可以追溯到138亿年前宇宙大爆炸的瞬间。

宇宙大爆炸发生后，氢原子和氦原子诞生了。初期宇宙内部发生的核聚变反应，又不断制造出新的元素。然后，随着星体的爆炸和相互撞击，各种元素有了发生结合的机会，于是便形成了矿物。科学家认为，最初形成的可能只是石墨或钻石那样由碳元素构成的“原始矿物”[注2]，微小且稀少。

后来，随着星体、星云的不断整合，太阳系形成了。旋转的太阳系中，也充满了气体和尘埃，其中，微行星的撞击、合体也在一刻不停地反复上演着。微行星的一部分便在撞击产生的高温中发生熔融。在随后的冷却过程中，不同矿物会分别冷却、固化。在这个过程中，富含铁等金属元素的“地核”[注3]出现了。在引力的作用下，大型的微行星会不断吸引周围含有矿物的尘埃和小型的微行星，使自己的体积不断增大。大到一定程度时，我们的地球就诞生了。

138亿年前

超新星爆炸之后，最初的矿物出现了

氢原子、氦原子等结合之后，星体诞生了。星体内部发生核聚变反应，又形成新的元素。随着超新星的爆炸，新元素扩散至四处，形成了微小的晶体，石墨等“原始矿物”也随之诞生。

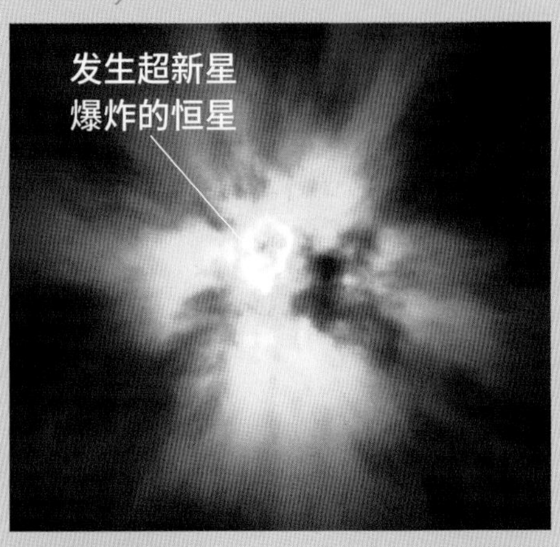

宇宙中最初的矿物很可能是由碳元素形成的石墨（左图）或钻石。

地球上的矿物种类之多令人眼花缭乱

迄今为止，科学家在地球上已经发现了大约5000种矿物，和太阳系中的其他行星相比，地球上的矿物种类是最多的。

具体来说，美国国家航空航天局经过对火星的探测，最终推测火星上的矿物种类只有500种左右。而比火星环境更加干燥的水星、月球等，矿物种类更少。

前面介绍过，构成地球的最初材料是微行星，据科学家推测，微行星中含有的矿物种类估计只有100种。但是，地球形成之后，随着地表覆盖的岩浆冷却、固化，形成岩石，再加上海洋的诞生，在距今46亿年前至24亿5000万年前的时间内，我们现在已知的大部分矿物就已经形成了。为什么后来能形成那么多种矿物呢？

这个问题的关键在于花岗岩的形成。玄武岩质岩浆从地幔之中发源，在结晶分化的作用下，形成了花岗岩质岩浆。花岗岩质岩浆冷却、固化后，就形成了大量的花岗岩，而太阳系的其他行星中却基本不存在花岗岩。科学家认为，花岗岩的形成过程汇集了各种各样的元素，为形成多样的矿物创造了条件。

另外，在地球形成之初，覆盖地表的那层“壳”（由地壳和地幔最上部组成），开始移动、升降，与此同时，火山活动也没有停歇过。这种板块构造运动，也是形成新矿物的主要原因。

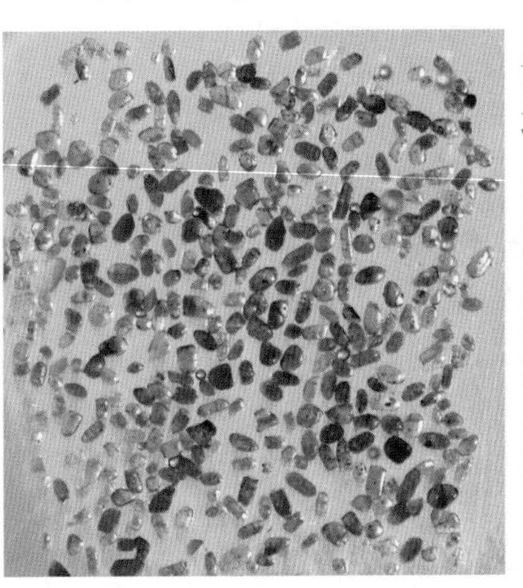

诞生于44亿年前的地球上最古老的锆石

这是在澳大利亚西部的杰克希尔地区发现的诞生于44亿年前的锆石。这也是迄今为止，人类发现的地球上最古老的矿物。锆石可以用于“铀铅测年法”，是测定古地质年代的重要矿物。

如此古老的矿物还能保存至今，真是惊人的奇迹！

在岩石循环过程中改变状态的矿物

另外，在大约24亿5000万年前，地球上发生了一件大事，使地球有了区

在地球的形成过程中，矿物实现多样化

宇宙大爆炸之后，宇宙中只存在着种类有限的矿物。地球诞生后，岩石覆盖地表，矿物的种类逐渐增加。而生命的出现，又促进了矿物的多样化。

46亿年前

原始地球诞生

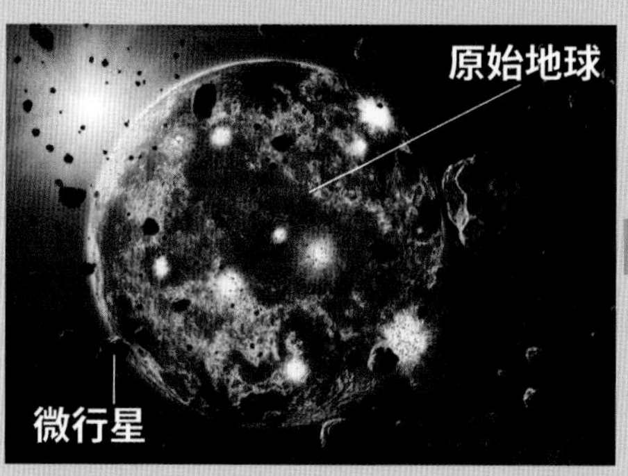

原始太阳被大量气体和尘埃围绕。其中，无数微行星相互撞击、合体，形成了地球等行星。因为从陨石中发现了橄榄石、辉石（斜方辉石）等矿物，所以科学家推测微行星中含有这些矿物。

微行星中含有斜方辉石（左图）和橄榄石（右图）等矿物。

约44亿年前

地表被玄武岩覆盖

地表覆盖着一层发源于地幔的玄武岩质岩浆，经过反复冷却、熔融，发生分化，产生了花岗岩质岩浆，再经过冷却、固化就形成了花岗岩。在这个过程中，各种各样的元素汇集到一起，形成了新的矿物。

玄武岩（左图）中的主要矿物有橄榄石、斜长石、辉石（单斜辉石）等。花岗岩（右图）中的主要矿物有石英、黑云母、钾长石等。

约24亿5000万年前

能够进行光合作用的生物登场

随着海藻等能够进行光合作用的微生物的出现，大气中的氧气浓度增高。于是，岩石中的矿物被氧化。这被称为"大氧化事件"。而它造成的环境变化，催生了更多新矿物的诞生。

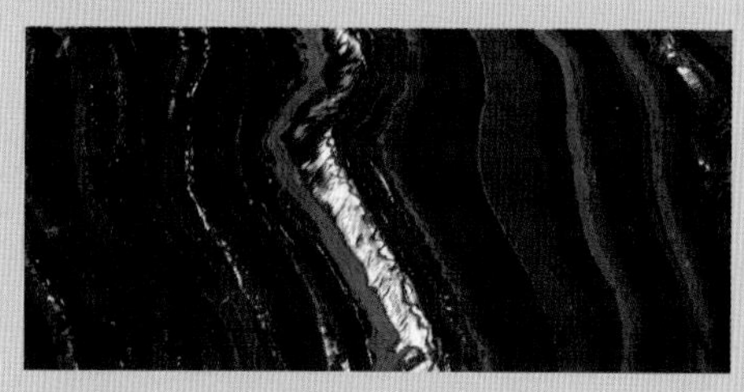

上图是赤铁矿的条纹状铁矿层。微生物的出现使大气中氧气浓度增高，含铁的矿物被氧化，形成新的矿物。

别于月球以及其他太阳系行星的决定性差异。这就是能进行光合作用的微生物在地球上登场了，导致大气中的氧气浓度不断增加。这件大事被称为"大氧化事件"。微生物通过光合作用产生的大量氧气，使海水中的很多矿物氧化、沉积，而在地表，岩石中的部分矿物也被氧化，从而形成新的矿物种类。另外，生命活动的繁盛也促成了新矿物的形成。于是，地球上的矿物一下子就实现了多样化。

现在，平均每年还有100余种新矿物被发现。这是为什么呢？因为矿物诞生于岩石的形成过程中，而现在，岩石依然处于不断变化中。

在水的侵蚀和风化作用下，岩石破碎成较小的颗粒，在不同的环境形成沉积岩、火成岩、变质岩等新的岩石。这个过程称为"岩石循环"。而在岩石循环的过程中，构成岩石的矿物也会发生新的改变。

新闻聚焦

目击太阳系外新诞生的矿物！

2011年，美国国家航空航天局的红外太空望远镜"斯皮策"捕捉到了太阳系外刚诞生不久的新矿物。"斯皮策"观测的是猎户座的恒星。结果发现在这颗恒星周围的星云中，存在一种含有橄榄石的矿物——镁橄榄石。在地球上，这种矿物只能在高温环境中形成，但是星云的温度只有大约零下170摄氏度。低温环境中也能有这种矿物，令人吃惊，因此这个发现备受瞩目。

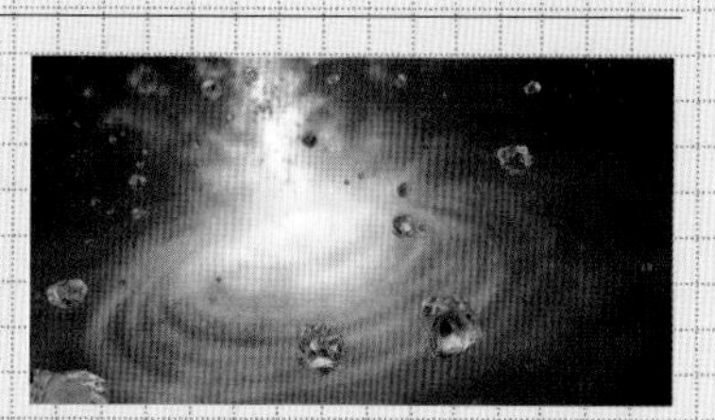

这是一幅想象图，在诞生不久的恒星周围，飞散着无数橄榄石

科学笔记

【微行星】 第40页 注1

在包含太阳系的银河周围，存在很多气体和尘埃，一部分气体和尘埃形成了恒星，而剩余的在引力的作用下聚集到一起，便形成了微行星。在原始太阳系中，微行星的直径从1千米到10千米不等，数量在100亿颗左右。

【原始矿物】 第42页 注2

在宇宙诞生之初形成的矿物。除了微小的钻石、石墨等碳元素组成的矿物外，还有由氧化铝形成的刚玉，以及碳化硅、氮化钛等化合物。

【地核】 第42页 注3

地球的"核"称为地核，位于地表以下2900千米的深处。一般认为，地核是在原始地球时期由岩浆中的镍、铁等金属元素构成的。有一种假说认为，原始地球整体处于熔融状态，金属元素会自然地向地球中心汇聚。还有一种假说则认为，原始地球原本有一个熔融的"原始地核"，但后来被液体金属替代。到目前为止，尚未有任何一种假说获得证实。

产生岩石和矿物的岩石循环

上升的岩浆可以形成火成岩。露出地表的火成岩在风化、侵蚀等作用下受到破坏，变成颗粒状，颗粒状岩石碎屑又进入海中，固化之后形成沉积岩。沉积岩在地层中再次熔解变成岩浆，冷却固化又变成火成岩。在高压、高温的作用下，火成岩的组织和矿物成分发生变化，变成了变质岩。岩石就是这样在地表（地壳和地幔上部）进行循环变化的。

① ⟶ 岩浆上升或板块活动
② ⟶ 岩石的隆起
③ ⟶ 风化作用
④ ⟶ 岩石碎屑堆积
⑤ ⟶ 地层中的高温、高压使岩石发生变化

喷气矿床（凝华矿床）

在火山喷气口附近，喷出的火山气体发生凝华（气体不经过液体直接变成固体的过程称为凝华，反之称为升华），直接形成固态矿物。凝华矿床产出的代表性矿物是硫磺。

在印度尼西亚爪哇岛的火山口附近发现的硫磺

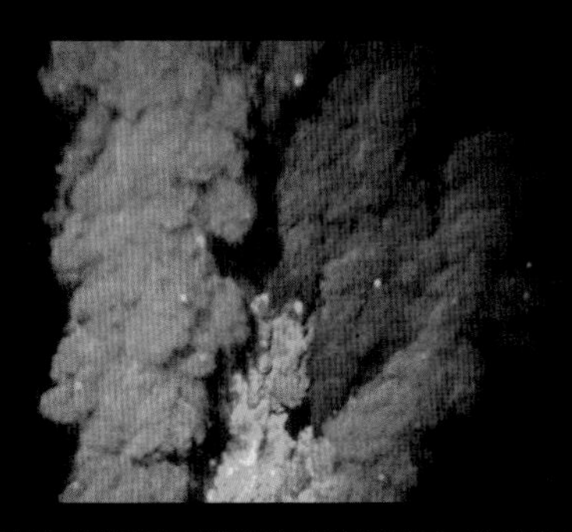

这是加利福尼亚湾的海底热液矿床，海底热液矿床可以产出铜、铅、锌等多种矿物

海底热液矿床

海底火山在喷出气体或热液的时候，会形成海底热液矿床。现在，在被称为“海岭”的海底山脉附近，海底热液矿床依然在生长。发现于日本海的黑矿矿床就是海底热液矿床的一个典型例子。

②板块运动使岩石隆起，地表露出

①在海岭顶端，岩浆上升，形成火成岩

海岭

随手词典

【深成岩】
岩浆冷却、固化形成的火成岩中，在地层深处经过缓慢冷却、固化形成的岩石，叫作深成岩。另一方面，岩浆在较浅的底层或地表喷发后，急速冷却、固化形成的岩石，叫作火山岩。

【黑矿矿床】
黑矿矿床，是指在中新世中期（约1600万年前—1500万年前），主要成因为日本海海底火山活动的多金属硫化物矿床。以日本东北地区为中心，全日本境内多处可见。日本国内已出产的铜、铅、锌等矿物，大多都来自黑矿矿床。

【广域变质作用】
在板块活动等作用下，地层深处的岩石在高温、高压下会产生变质现象，从而在比较广阔的范围内生成变质岩。另一方面，由于地下深处岩浆的上升，炙热的岩浆会加热周围的岩石，由此也会生成变质岩，这个过程叫作接触变质作用。

【别子矿山】
别子矿山位于日本爱媛县新居浜市，自江户时代以来就是日本具有代表性的铜矿。该矿山发现于1690年，于1973年封闭。在长达283年的开采时间里，共计产出了70万吨铜。

变质矿床

原有的矿床，在变质作用下形成新的矿物，这种矿床叫作变质矿床。一般来说，这里所说的变质作用，是指广域变质作用。在日本，爱媛县的别子矿山（铜山）中存在的层状含铜硫化铁矿床，就是变质矿床的典型代表。

接触交代矿床

已有岩石（主要是石灰岩）与热液或岩浆接触后，获得了热量或某种成分而形成的矿床，叫作接触交代矿床，也叫矽卡岩矿床。矽卡岩矿物是以钙和镁等为主要成分的硅酸盐矿物，也是矿石矿物的母岩。接触交代矿床可以产出磁铁矿、赤铁矿、方铅矿、闪锌矿等矿物。

原理揭秘

岩石循环与矿物诞生的场所

地球上的岩石，都处在岩石循环之中。所谓岩石循环，就是岩石在侵蚀作用下受到破坏，再形成新岩石的过程，这是一个周而复始的循环过程。在岩石循环的过程中，有用的元素或矿物会密集地集中在一起，它们聚集的地方叫作“矿床”，根据矿床形成过程的不同，聚集的矿物种类也不一样。地球的活动，是如何让岩石发生变化的，又是如何创造出矿物的呢？我们来看一下这个全过程。

沉积矿床

溶解于水中的矿物成分，经过沉淀，形成矿物的地方就是沉积矿床。在温泉或火山湖中，就常有硫磺、黄铁矿、雄黄等聚集的矿床。

正岩浆矿床产出的针镍矿

正岩浆矿床

岩浆经过缓慢冷却、固化，形成深成岩。所谓“正岩浆矿床”，是指在岩浆冷却、固化的过程中，发生了结晶分化，金属矿物聚集到一起形成的矿床。正岩浆矿床可以产出钛、镍、铬、铂等金属矿石。

③火山气体引起的化学风化

河流

沿海

湖

④因风化、侵蚀作用使岩石破碎，岩石碎块等堆积起来又形成了沉积岩

岩浆积存处

⑤在地热和压力的作用下，形成变质岩

板块与大陆板
，形成海沟

板块

热液矿床

来自岩浆的炙热液体或地表水被地热加热，就会溶解一些矿物成分。这些炙热液体汇聚到某处，比如流入岩石缝隙，待冷却之后，就形成了矿床。这样形成的矿床就叫作热液矿床。热液矿床可以产出自然金、黄铜矿、方铅矿、黄铁矿、石英等。

伟晶岩矿床

在深成岩的花岗岩或闪长岩中，会有一些在通常岩石中不易见的矿物成分（锂、铍等轻元素，铌等稀有金属，稀土、铀、钍等重元素）以粗颗粒的形式聚集而成的矿物集合体。这种矿床叫作伟晶岩矿床。伟晶岩矿床可以产出水晶、长石类（微斜长石等）、绿柱石、电气石、黄玉等宝石矿物。

美国犹他州出产的黄玉结晶

矿物的形成与种类

探寻各种矿物形成的原理和过程

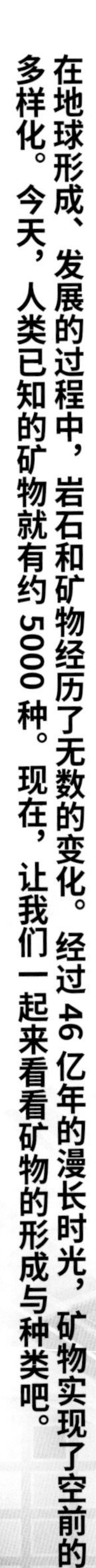

在地球形成、发展的过程中，岩石和矿物经历了无数的变化。经过46亿年的漫长时光，矿物实现了空前的多样化。今天，人类已知的矿物就有约5000种。现在，让我们一起来看看矿物的形成与种类吧。

看看这令人叹为观止的造型！矿物就是大自然创造的艺术品！

晶体的形状、颜色、硬度……不同的矿物千差万别

在地球之上，我们已知的矿物已有约5000种。一般情况下，大多数已知矿物的晶体都可以被肉眼观察到。

不过，地球上也存在巨大的矿物，比如墨西哥奈卡矿洞中发现的巨大矿物，单个晶体就可以长达11米，真是令人叹为观止！

虽然都称为矿物，但不同种类的矿物，在晶体形状、颜色、硬度等各个方面都存在巨大的差异。

那么，矿物到底指的是什么呢？一般来说，矿物是指地球创造的无机物以规则的原子排列（结晶）形成的物质。火山喷发出的岩浆急速冷却后会形成一种叫作“火山玻璃”的物质。火山玻璃没有特定的化学成分，而且没有结晶，因此，它虽然看似矿物，但并不符合矿物分类的概念，因而无法列入矿物分类。由树脂形成的化石——琥珀，情况也和火山玻璃类似。

另一方面，蛋白石的化学成分基本固定，但因为没有结晶，也无法列入矿物分类。矿物基本上都是固态，唯一的例外是水银，它虽然在常温状态下是液态的，但也被列为矿物。

为什么地球上会存在这么多种矿物呢？接下来我们就来看看矿物的形成与种类。

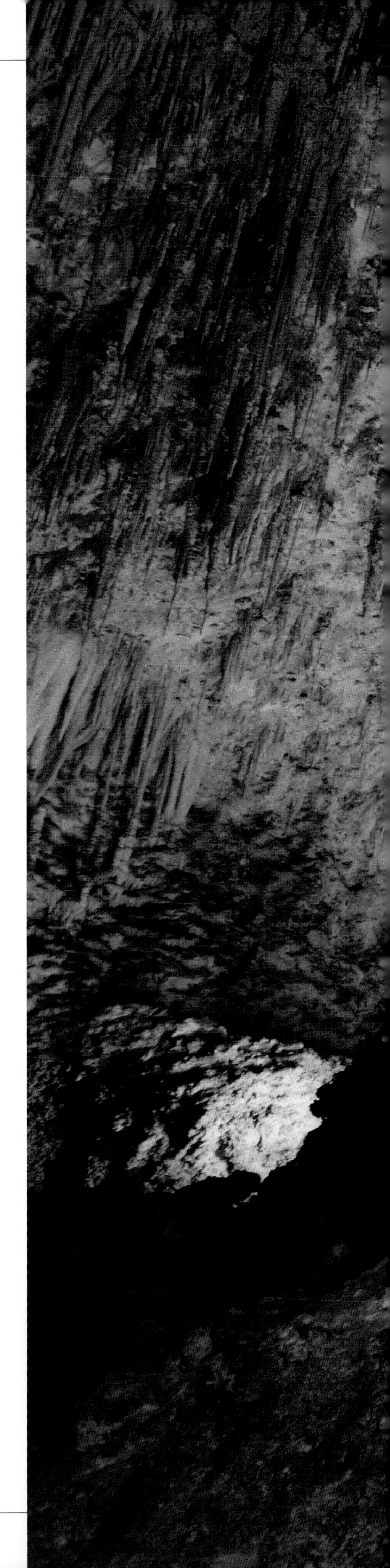

美国新墨西哥州的卡尔斯巴德岩洞群

美国新墨西哥州的卡尔斯巴德岩洞群总长达到 45 千米，由 80 多个岩洞组成，是世界上规模最大的岩洞群。在钟乳洞中发现的石笋和钟乳石，是以碳酸钙为主要成分的方解石或石膏的沉积物。

现在我们知道！

矿物分类的依据——化学成分和晶体结构

矿物，一般被定义为“经过一定的地质学过程形成的，具有特定化学成分和晶体结构的固态无机物”。所谓“经过一定的地质学过程形成的”，就是说矿物是“地球创造”的天然物质。换句话说，矿物不是人工制造的物质，也不是因生物活动产生的无机物。但是因生物活动产生的无机物，一旦成为化石，也有可能被看作矿物。

矿物的构成

除了一部分由单一元素构成的元素矿物，大多数矿物都是由多种元素组合而成。我们用化学式来表示矿物的成分构成。

辉银矿的化学式

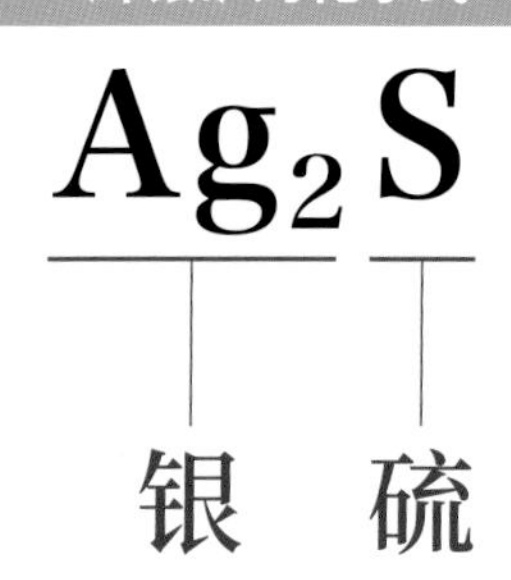

表示银与硫的比例是 2 比 1

辉银矿，在常温下不会改变成分，但因为内部构造发生改变，从而发生同质多象的转变，变成不同晶系的螺状硫银矿。

即使元素相同，晶体结构不同也会形成不同的矿物

那么，“具有特定化学成分和晶体结构”又是什么意思呢？“化学成分”是指构成矿物的元素的比例和种类；“晶体结构”是指构成矿物的元素之间的连结方式。

构成矿物的化学成分，用化学式来表示。举例来说，刚玉的化学式是 Al_2O_3，表示刚玉是由铝（Al）和氧（O）以原子数 2 比 3 的比例构成的。

大部分矿物可以按照化学成分的共通性进行分类，具体可以分为 80 多个种类，下面列举了其中具有代表性的一些种类。因此可以说，化学成分是矿物分类的第一个依据。

但是，即便是化学成分完全相同的物质，如果晶体构造不同，也会形成不同的矿物。例如，钻石和石墨，都是单纯由碳元素（C）构成的物质，但由于晶体结构不同，钻石和石墨就成了性质完全不同的两种矿物。这种现象叫作同质多象注1。在自然物质中，钻石的硬度是最高的，石墨却很软，我们使用的铅笔笔芯就是用石墨制成的。也就是说，矿物的晶体结构不同，性质也会有所不同。

矿物的主要种类

矿物可以按照共通的化学成分进行分类。下面就介绍 8 个具有代表性的矿物种类。

元素矿物

由单一元素或多种元素的合金构成。种类不多。下图为自然金（Au）。

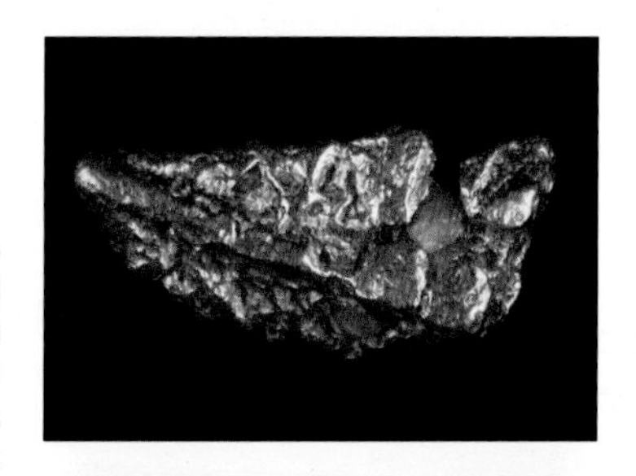

硫化矿物

由硫和金属元素或半金属元素构成，在资源矿物中，硫化矿物占多数。下图为辉锑矿（Sb_2S_3）。

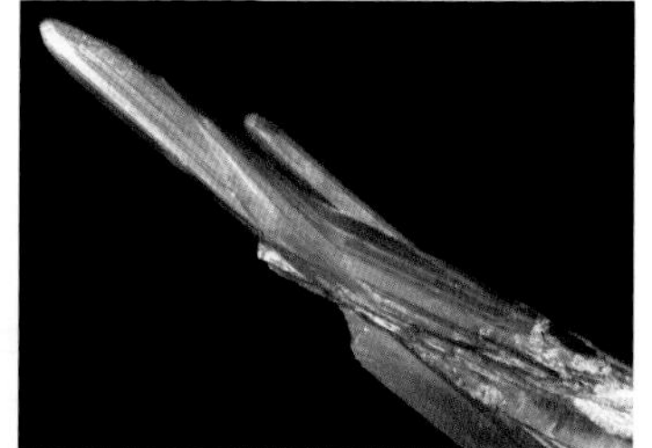

氧化矿物

由氧或氢氧基注2 与其他元素构成的化合物。氧化矿物中有多种含有铁、钛等的资源矿物。下图为磁铁矿（$Fe^{2+}Fe^{3+}{}_2O_4$）。

卤化矿物

由氟、氯、碘等卤族元素注3 和其他元素构成的化合物。下图为萤石（CaF_2），另外，岩盐也是典型的卤化矿物。

碳酸盐矿物

由碳酸基和其他元素构成的化合物。方解石和霰石是碳酸盐矿物中的典型代表。下图为方解石（$CaCO_3$）。

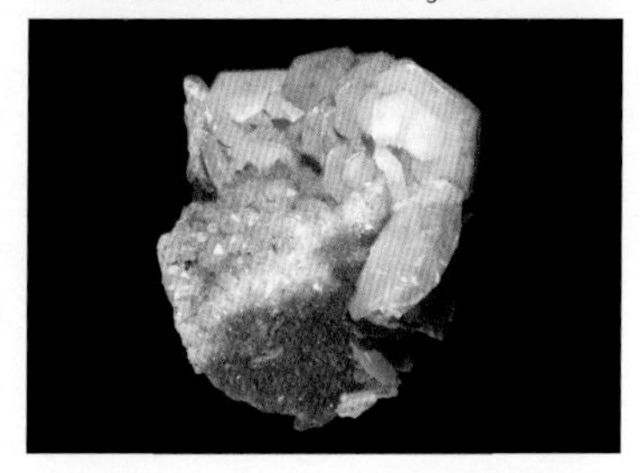

硫酸盐矿物

含有硫酸基的矿物，以石膏和重晶石等为代表。这类矿物中有很多都是透明的，而且易溶于水。下图为石膏（$CaSO_4·2H_2O$）。

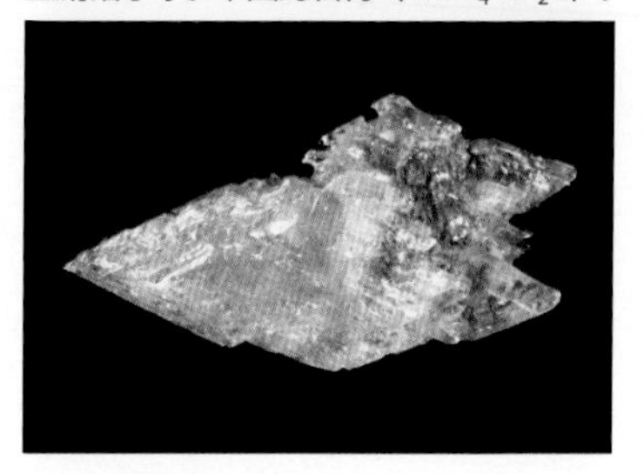

磷酸盐矿物

含有磷酸基的矿物，种类很多，以磷石灰和绿松石等为代表。下图为绿铅矿 [$Pb_5(PO_4)_3Cl$]。

硅酸盐矿物

含有硅酸基的矿物。一部分含有硼酸基和碳酸基的矿物也被列入硅酸盐矿物。下图为绿柱石（$Be_3Al_2Si_6O_{18}$）。

晶系的种类

晶系，按照晶体的晶轴根数、长度以及晶轴的交角，分为 7 大晶系。也有说法认为，三方晶系应该包含在六方晶系中，因此总共只有 6 大晶系。下面为大家介绍各种晶系的模式图和代表矿物。

		等轴(立方)晶系 钻石、萤石、石榴石等。
**四方晶系** 鱼眼石、锆石、符山石等。	**六方晶系** 铜蓝、磷石灰、绿柱石等。	**三方晶系** 石英、方解石、电气石等。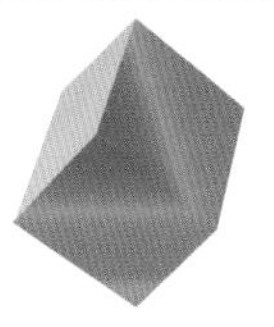
斜方晶系 重晶石、橄榄石、霰石等。	**单斜晶系** 石膏、普通辉石、普通角闪石等。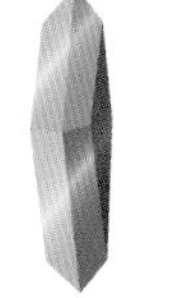	**三斜晶系** 奥长石、绿松石、蓝晶石等。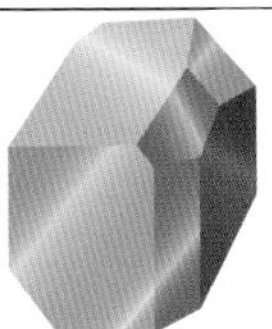

红铜矿的针状晶体

有的时候，红铜矿中可以看到针状晶体。原本来说，红铜矿的晶体应该是正方体，但根据环境的不同，也可能延伸出针状形状。这种晶体外形的变化，就叫作晶形。

那么，“晶体”又是什么意思呢？晶体是指构成某种物质的原子按照一定规则排列形成的物质。矿物的晶体按照原子排列的对称性，可以分成 7 个大类。这些大类叫作“晶系”，是具有代表性的矿物分类标准。

除此之外，科学家还给矿物定义了一些基本性质，比如晶形（晶相、晶癖）、破裂方式（解理[注4]、断口）、硬度、比重等。

晶体会在不同环境中发生各种各样的变化。

矿物多样化的背景是岩石循环

可是，地球上为什么会出现如此多种多样的矿物呢？如前文中介绍的那样，地球是由岩石形成的，而在岩石形成的过程（岩石循环）中，矿物大体上经历了两个生成过程。

第一个过程，岩浆、水、大气中含有的化学成分（元素），在高温、高压下形成矿物。

第二个过程，已有的矿物和液体或气体发生反应，变成其他矿物，而各种其他矿物在温度、压力的作用下相互结合，又形成了新的矿物。

当然，在实际的自然环境中，会有更加复杂的化学反应、风化作用等参与到岩石、矿物的生成过程。可以说，地球矿物的多样化，正是自然环境复杂性的一个充分体现。

科学笔记

【同质多象】 第48页 注1
具有相同化学成分的物质，具有两种以上晶体结构，就叫作同质多象。反之，也有基本晶体结构相同，但化学成分不同的物质。

【基】 第48页 注2
基是一个不会分解的原子集团，以整体的形式参与化学反应。

【卤族元素】 第48页 注3
卤族元素属于元素周期表中的第17族元素，可以和金属元素化合成盐。

【解理】 第49页 注4
矿物晶体因为原子结构的原因，容易朝着特定方向开裂，并形成光滑平面。开裂方向从1个到6个不等，也有难以开裂的矿物晶体。

新闻聚焦

南极科考队发现新矿物

2009 年，日本第 50 批南极科考队内的一个小队，在南极东部的赛尔隆达内山地开采的岩石中发现了新矿物——黑铝镁铁矿 2N4S。据测算，发现地赛尔隆达内山地大约形成于 6 亿年前—5 亿年前，而这种新矿物形成于 5 亿 2000 万年前。

左图是新矿物发现地赛尔隆达内山地，右图是新矿物黑铝镁铁矿 2N4S，因为含有镁、铝，所以呈现为美丽的红色结晶

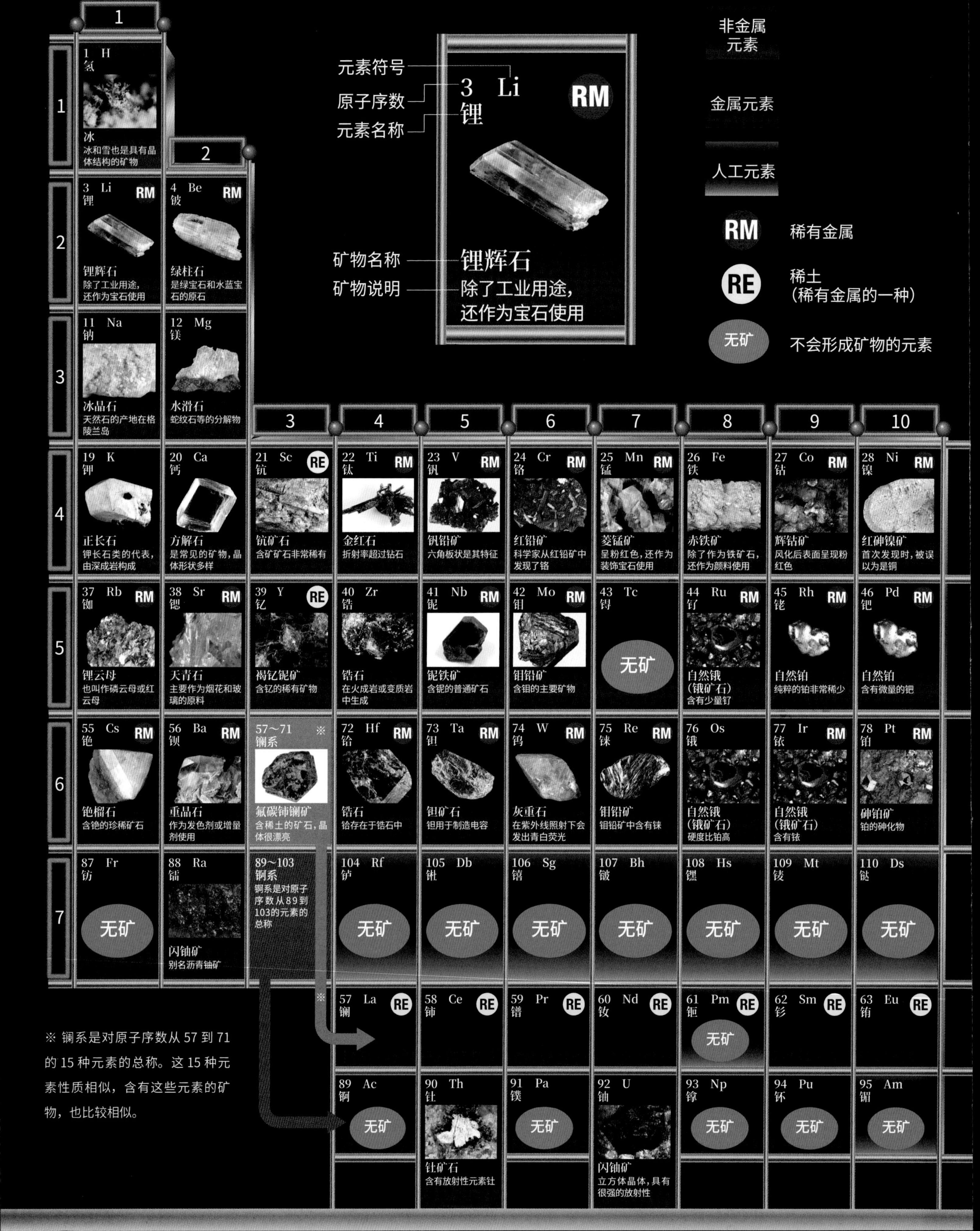

非金属元素
金属元素
人工元素
RM 稀有金属
RE 稀土（稀有金属的一种）
无矿 不会形成矿物的元素
元素符号
原子序数
元素名称
矿物名称
矿物说明
3 Li 锂 RM
锂辉石
除了工业用途，还作为宝石使用
1 2 3 4 5 6 7 8 9 10
1 H 氢 冰 冰和雪也是具有晶体结构的矿物
3 Li 锂 RM 锂辉石 除了工业用途，还作为宝石使用
4 Be 铍 RM 绿柱石 是绿宝石和水蓝宝石的原石
11 Na 钠 冰晶石 天然石的产地在格陵兰岛
12 Mg 镁 水滑石 蛇纹石等的分解物
19 K 钾 正长石 钾长石类的代表，由深成岩构成
20 Ca 钙 方解石 是常见的矿物，晶体形状多样
21 Sc 钪 RE 钪矿石 含矿矿石非常稀有
22 Ti 钛 RM 金红石 折射率超过钻石
23 V 钒 RM 钒铅矿 六角板状是其特征
24 Cr 铬 RM 红铅矿 科学家从红铅矿中发现了铬
25 Mn 锰 RM 菱锰矿 呈粉红色，还作为装饰宝石使用
26 Fe 铁 赤铁矿 除了作为铁矿石，还作为颜料使用
27 Co 钴 RM 辉钴矿 风化后表面呈现粉红色
28 Ni 镍 RM 红砷镍矿 首次发现时，被误以为是铜
37 Rb 铷 RM 锂云母 也叫作磷云母或红云母
38 Sr 锶 RM 天青石 主要作为烟花和玻璃的原料
39 Y 钇 RE 褐钇铌矿 含钇的稀有矿物
40 Zr 锆 锆石 在火成岩或变质岩中生成
41 Nb 铌 RM 铌铁矿 含铌的普通矿石
42 Mo 钼 RM 钼铅矿 含钼的主要矿物
43 Tc 锝 无矿
44 Ru 钌 RM 自然锇（锇矿石） 含有少量钌
45 Rh 铑 RM 自然铂 纯粹的铂非常稀少
46 Pd 钯 RM 自然铂 含有微量的钯
55 Cs 铯 RM 铯榴石 含铯的珍稀矿石
56 Ba 钡 RM 重晶石 作为发色剂或增量剂使用
57～71 镧系 ※ 氟碳铈镧矿 含稀土的矿石，晶体很漂亮
72 Hf 铪 RM 锆石 铪存在于锆石中
73 Ta 钽 RM 钽矿石 钽用于制造电容
74 W 钨 RM 灰重石 在紫外线照射下会发出青白荧光
75 Re 铼 RM 钼铅矿 钼铅矿中含有铼
76 Os 锇 自然锇（锇矿石） 硬度比铂高
77 Ir 铱 RM 自然锇（锇矿石） 含有铱
78 Pt 铂 RM 砷铂矿 铂的砷化物
87 Fr 钫 无矿
88 Ra 镭 闪铀矿 别名沥青铀矿
89～103 锕系 锕系是对原子序数从89到103的元素的总称
104 Rf 𬬻 无矿
105 Db 𬭊 无矿
106 Sg 𬭳 无矿
107 Bh 𬭛 无矿
108 Hs 𬭶 无矿
109 Mt 鿏 无矿
110 Ds 𫟼 无矿
※ 57 La 镧 RE
58 Ce 铈 RE
59 Pr 镨 RE
60 Nd 钕 RE
61 Pm 钷 RE 无矿
62 Sm 钐 RE
63 Eu 铕 RE
89 Ac 锕 无矿
90 Th 钍 钍矿石 含有放射性元素钍
91 Pa 镤 无矿
92 U 铀 闪铀矿 立方体晶体，具有很强的放射性
93 Np 镎 无矿
94 Pu 钚 无矿
95 Am 镅 无矿
※ 镧系是对原子序数从 57 到 71 的 15 种元素的总称。这 15 种元素性质相似，含有这些元素的矿物，也比较相似。

从元素周期表看各种各样的矿物

【元素周期表】

如果把元素按照原子序数进行排列的话，就可以发现性质相似的元素会出现周期性分布。利用这种规律（周期性）对元素进行分类，便有了元素周期表。在元素周期表中，横向的行叫作周期，纵向的列叫作族。属于同一族的元素（同族元素），原子最外层的电子数相同，性质相似。因此，元素的性质是由原子最外层电子数决定的。

周期	11	12	13	14	15	16	17	18
1								2 He 氦 无矿
2			5 B 硼 RM 硼铝石 能像光纤那样透光	6 C 碳 钻石 地球上硬度最大的天然物质	7 N 氮 硝石 是制造火药、染料、肥料等的原料	8 O 氧 尖晶石 英国国王王冠上的宝石	9 F 氟 萤石 用于制造镜头、水泥等	10 Ne 氖 无矿
3			13 Al 铝 刚玉 是红宝石、蓝宝石的原石	14 Si 硅 石英 透明度高的水晶就是石英的一种	15 P 磷 磷石灰 一般是指氟磷石灰	16 S 硫 自然硫磺 高浓度硫磺结晶的产物	17 Cl 氯 岩盐 作为矿物出产的氯化钠	18 Ar 氩 无矿
4	29 Cu 铜 自然铜 产自于铜矿床的氧化带	30 Zn 锌 闪锌矿 是重要的含锌矿物	31 Ga 镓 RM 镓铜矿 产自纳米比亚的楚梅布矿山	32 Ge 锗 RM 锗矿 含锗的矿物	33 As 砷 自然砷 可溶于水，有剧毒	34 Se 硒 RM 宗像石 产自日本福冈县宗像市	35 Br 溴 溴化银矿 产自银矿，但数量非常稀少	36 Kr 氪 无矿
5	47 Ag 银 自然银 贵金属，可以用于制造餐具	48 Cd 镉 硫镉矿 镉的硫化物	49 In 铟 RM 樱井矿 产自日本兵库县生野矿山	50 Sn 锡 RM 锡石 含锡的重要矿物	51 Sb 锑 RM 辉安矿 柱状晶体，前端非常尖锐	52 Te 碲 RM 自然碲 天然产出的数量非常稀少	53 I 碘 碘化银矿 很柔软，可以用刀切割	54 Xe 氙 无矿
6	79 Au 金 自然金 延展性最好的金属，厚度最小可达万分之一毫米	80 Hg 汞 辰砂 常作为颜料或防腐剂使用	81 Tl 铊 RM 红铊矿 含铊的稀有矿物	82 Pb 铅 方铅矿 含铅的重要矿物	83 Bi 铋 RM 自然铋 可以用于制造火灾报警器	84 Po 钋 无矿	85 At 砹 无矿	86 Rn 氡 无矿
7	111 Rg 轮 无矿	112 Cn 鎶 无矿	113 Nh 鉨 无矿	114 Fl 𫓧 无矿	115 Mc 镆 无矿	116 Lv 𫟷 无矿	117 Ts 鿬 无矿	118 Og 鿫 无矿
	64 Gd 钆 RE	65 Tb 铽 RE	66 Dy 镝 RE	67 Ho 钬 RE	68 Er 铒 RE	69 Tm 铥 RE	70 Yb 镱 RE	71 Lu 镥 RE
	96 Cm 锔 无矿	97 Bk 锫 无矿	98 Cf 锎 无矿	99 Es 锿 无矿	100 Fm 镄 无矿	101 Md 钔 无矿	102 No 锘 无矿	103 Lr 铹 无矿

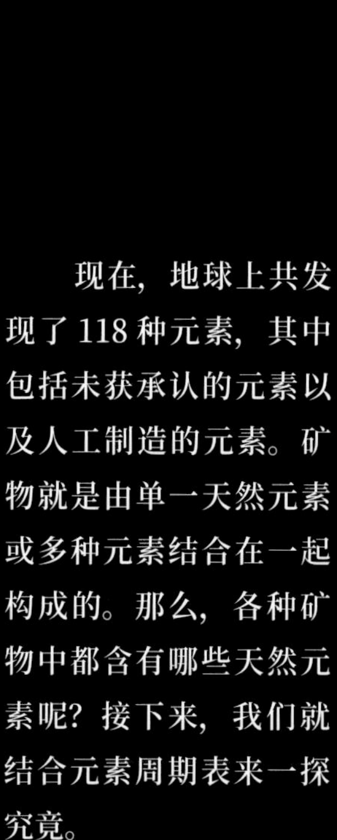

现在，地球上共发现了118种元素，其中包括未获承认的元素以及人工制造的元素。矿物就是由单一天然元素或多种元素结合在一起构成的。那么，各种矿物中都含有哪些天然元素呢？接下来，我们就结合元素周期表来一探究竟。

人类与矿物的邂逅

当人类邂逅了矿物 通向文明的大门便开启了

地球孕育的矿物，给人类带来了数不清的恩惠。从简单的石器，到当今最先进的机器设备所使用的金属材料，人类社会的繁荣，都是建立在矿物的基础之上的。

人类文明的发展，离不开矿物

人类将生活场所从树上转移到地面之后，开始了完全直立行走的时代。从此，人类的双手得到解放。人类就是用这双“自由”的手，开始制造工具。一开始，人类只是直接使用发现的石块、骨头等坚硬的物体，渐渐地开始掌握“创造”的技术。人类所制造的最古老工具是在非洲发现的奥杜威石器群，已经有大约 260 万年的历史。

在那之后，人类学会了把岩石加工成各种各样的形状当作工具使用，还发现了黑曜石、燧石等矿物，并用它们制造工具。再后来，人类又掌握了从矿物中提炼铜、铁等金属的技术，并用这些金属制作工具、器皿、武器、装饰品等。矿物的粉末还能当作颜料或药物使用。钻石等矿物，也作为宝石吸引着人们。

时间来到了近代，在完成工业革命的过程中，矿物也发挥了不可替代的作用。到了 20 世纪初，科学家从矿物中发现了地球上的大部分元素，其中，稀有金属已经成为经济发展不可或缺的宝贵资源。岩石和矿物，从 260 万年前进入人类的生活以来，一直陪伴人类走到今天，而且在今后，它们还将继续在人类发展进步的过程中贡献力量。

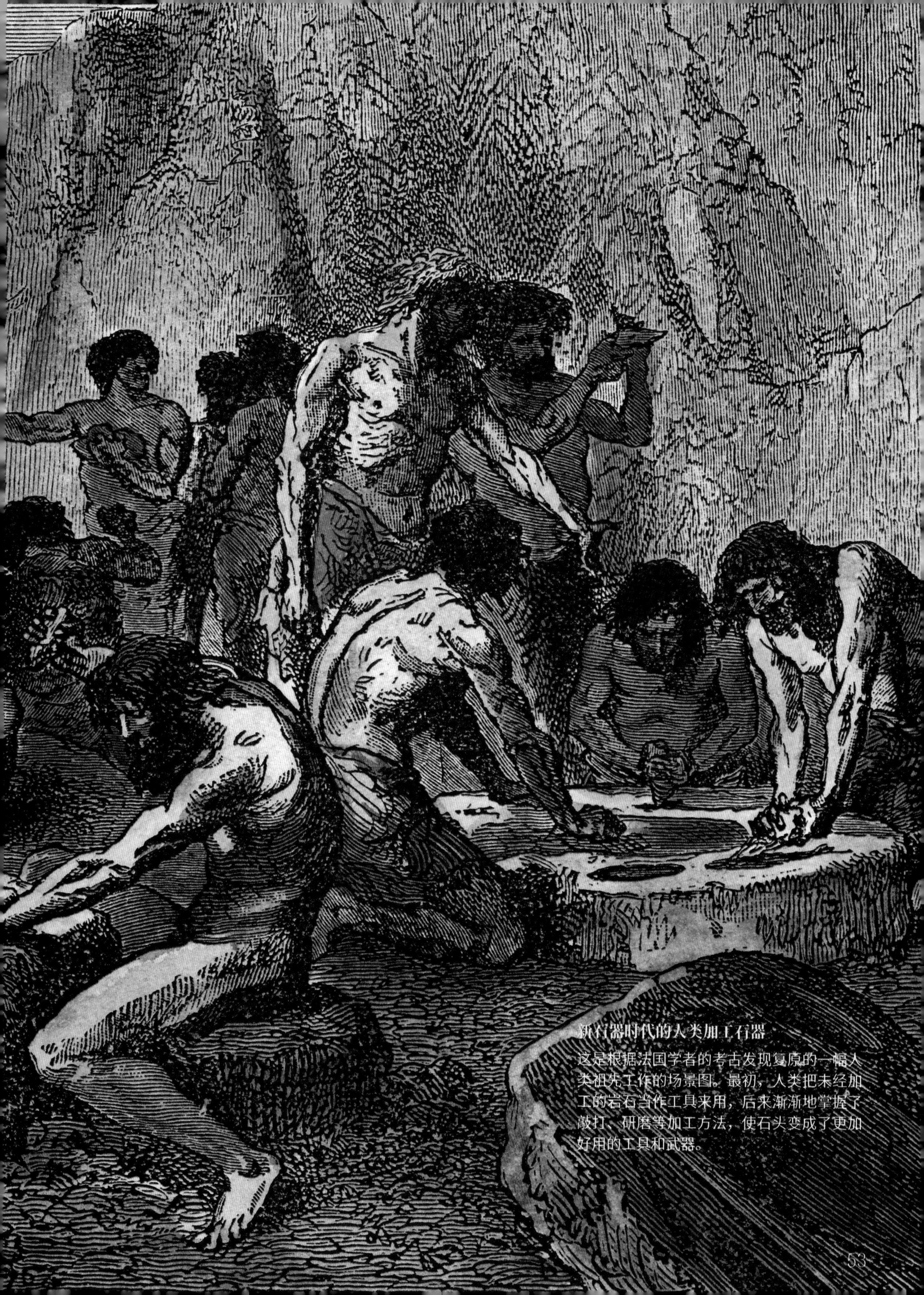

新石器时代的人类加工石器

这是根据法国学者的考古发现复原的一幅人类祖先工作的场景图。最初，人类把未经加工的岩石当作工具来用，后来渐渐地掌握了敲打、研磨等加工方法，使石头变成了更加好用的工具和武器。

为人类文明发展做出贡献的矿物

自从大约 260 万年前，人类掌握了加工矿物的技术以来，很多矿物都对人类文明的发展做出了巨大贡献。下面是欧洲史前时代人类利用矿物的变迁。

258万8000年前		1万1700年前	8000年前
新生代新近纪 上新世	新生代第四纪 更新世		

早期人类利用的主要矿物

石器时代

石英

早期的人类，使用硬度较高的石英制作带有锐利边缘的简单工具。

燧石、黑曜石

人类的祖先"能人"已经开始使用燧石、黑曜石、石英来制造锐利的工具。

黏土

黏土被当作建筑材料或用来制造陶器。目前出土的最古老的陶器距今大约1.8万年。

非洲的奥杜威石器看上去和普通的石块没什么差别，据推测，当时人类的祖先使用较硬的石块击打其他石块，以此制造出想要的工具

黑曜石经过切削后，边缘也比较锐利，因此主要被用来制作刀具，在没有金属的石器时代，黑曜石是人类祖先的重要资源

燧石比较便于加工，人类的祖先主要通过削的方式将燧石加工成锐利的工具

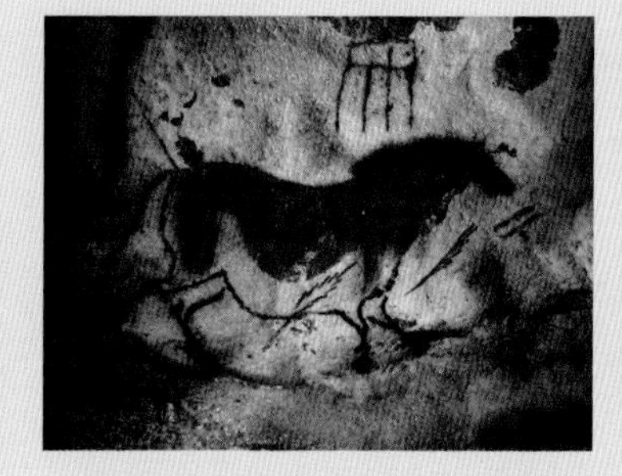

法国拉斯科洞窟里的壁画，是人类的祖先在1万8000年前绘制的，主要颜料有黄色黏土、氧化铁、氧化锰和木炭等

现在我们知道！

矿物加速人类文明的进化

我们的祖先是从什么时候开始学会制作石器的呢？非洲坦桑尼亚出土的奥杜威石器[注1]群，据推测是距今大约 260 万年前人类祖先制作的，也是目前已知的最古老的石器。这些石器是以坚硬的石英或矽卡岩为原材料，然后用石块反复敲打，打出锐利的边缘。到了距今大约 240 万年前，"能人"出现，他们开始使用燧石[注2]、黑曜石、石英制造锐利的带刃工具，使石器制造工艺更上一层楼。

为了获得矿物，人类开始了交易

只有在有活火山的地区，才能发掘到黑曜石。没有这种资源的人，就开始通过交易的方式获取黑曜石。当石器时代进入到后期的新石器时代时，人类已经开始采掘最高级的燧石和黑曜石，交易网也越来越广。

进入新石器时代以前，人类就已经开始定居，一个群体共同生活在一个相对固定的地方。随着生活水平的提高，人们开始有了闲暇时光。这些多出来的时间就被人类用来开发新技术。当时人们最先发现的是铜。因为地表存在一些自然铜，人们就开始利用铜制作武器、工具和装饰品。当能找到的自然铜都被用完之后，人们又开始尝试从黄铜矿等含铜矿物中提炼铜。在当时，这可以说是一件技术含量相当高的事情。随着冶金技术[注3]的不断提高，有一些技术高超的炼铜师出现了。随着高品质铜制品的出现，有权拥有它们或者买得起它们的权力阶级也出现了。这就促进了社会阶级的分化。当时，人们也开始冶炼黄金，只不

令人心生艳羡的矿物——钻石

左图是收藏于美国自然历史博物馆的世界上最大的蓝色钻石——"希望钻石"。这颗蓝色钻石直径 25.6 厘米，重达 45.52 克拉，每年吸引 700 万人来博物馆观赏。

5300年前　3200年前

生代第四纪·全新世

铜器时代	青铜器时代	铁器时代
铜	铜/锡	铁
人类最初使用的铜是自然铜。后来才学会从黄铜矿等含铜矿物中提炼铜。	铜和锡的合金便是青铜。想要获得铜和锡两种材料，需要范围比较广阔的交易网。	最古老的铁器原材料是陨铁。而将铁矿石熔化再提炼铁的技术，出现在公元前2000年左右。

将铜等材料熔化，灌入模具以造型的铸造技术，就始于青铜器时代

出土于叙利亚的青铜时代的人偶，据说是暴风之神的像

在位于亚洲的土耳其安纳托利亚半岛，出土了目前发现的最古老的铁器，一般认为，人类最初的高度铁器文明，诞生于公元前16世纪的土耳其赫梯帝国

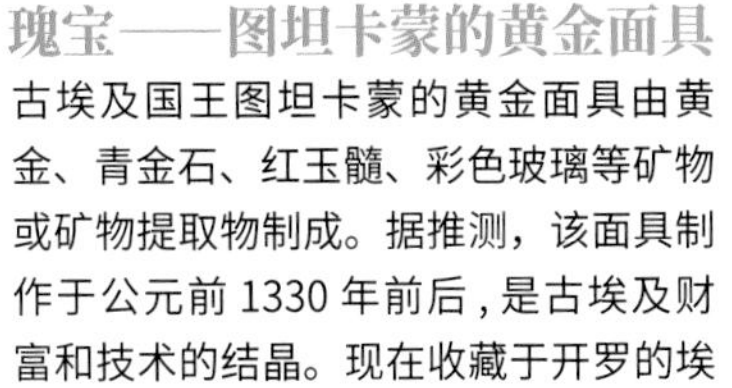

以矿物为原料制作的艺术瑰宝——图坦卡蒙的黄金面具

古埃及国王图坦卡蒙的黄金面具由黄金、青金石、红玉髓、彩色玻璃等矿物或矿物提取物制成。据推测，该面具制作于公元前 1330 年前后，是古埃及财富和技术的结晶。现在收藏于开罗的埃及博物馆。

黄金太软，不适合用来制造武器或工具，是权力阶级认识到了黄金作为装饰品的价。新石器时代之后的时代，虽然石器依然泛使用，但是由于铜器的出现，被命名为器时代（7500 年前—5300 年前）。随着属的出现，人类文明的发展明显提速了。

青铜的登场，促进了人类社会的阶级分化

接下来人类迎来的是青铜器时代（5300 年前—3200 年前）。青铜是铜和锡的合金，含有这两种元素的矿物很少在同一个地区出产，因此，这说明当时人类已经有了一张规模较大的交易网。与铜相比，青铜的原料更不易获取，但是另一方面，青铜器的铸造比较容易，而且硬度也比较高，因此，青铜替代了铜，成为主要金属材料。这个时候，社会的阶级分化更加明显，有些地区已经出现了帝国文明。权力阶级加强与各地的交易，使用获得的矿物材料提炼青铜，制造武器、铠甲等，从而进一步强化自己的权力。

另外，青铜还为雕刻、音乐、装饰等艺术的发展做出了巨大贡献。即使现在，在艺术创作领域，青铜仍然是一种重要的材料。

随后，随着铁的登场，青铜的主角宝座被铁夺走了。但是在铁器时代初期，铁制工具和武器的强度还不太高，因此青铜器依然得到广泛使用。初期的铁器，一般没有经过精炼，多由陨铁制造。距今大约 4000 年前，在以印度为中心的地区，炼铁技术发展起来了，铁器产业开始发达。后来，随着以铁为主要成分的合金和钢的出现，人类才正式进入了铁器时代。初期的人类文明也迎来了第一个高峰。

其实，在以金属矿物为中心的时代，其他矿物也在默默地为人类发展贡献力量。例如黏土矿物，很早就成为人类制造陶器的原料，也是重要的建筑材料。石英砂是制造玻璃的主要材料。另外，孔雀石、辰砂、蓝铜矿等常被用于制造化妆品或颜

近距直击

炼金的尝试

自古以来，人们就对黄金充满崇拜之情，古时候就有将铜、铁等金属转变成金、银等贵金属的研究，并一度非常盛行。这种技术在当时被称为“炼金术”，其开端是古埃及高度发达的冶金技术。后来，炼金术对古希腊的化学、哲学都产生了影响。到了中世纪，伊斯兰世界继承了有关炼金术的知识，并将它传入欧洲，引发大流行。16 世纪以后，炼金术被认为是不科学的，逐渐衰落。但是在研究炼金术的过程中，人类发现了盐酸、硫酸等化学物质，为后世化学的发展做出了贡献。

虽然从科学角度看，炼金术并不科学，但是它的研究过程为后世化学奠定了基础

支持现代社会的稀有金属及其用途

稀有金属，是支持低碳化和高科技不可或缺的金属矿物资源。现在，很多国家都把确保含稀有金属的金属矿物资源稳定供给作为一项重要国策。可见稀有金属的重要性。

医用核磁共振成像设备

这种设备的磁铁中含有钕，磁盾中则含有镍。

硬盘

硬盘的小型电动机部分，使用了含有钕的磁铁。

数码照相机

小型电子设备需要小型电池供电，而小型电池多为锂电池。

液晶电视

铟被广泛应用于液晶电视等液晶显示器材。

电动汽车、混合动力汽车

新能源汽车的电动机需要用到含镝或钕的磁铁，而电池会用到锂。

尾气净化装

在净化汽车排放时，铂是一种重要催

高功能材料			产品的小型化、轻量化、节能化、环保化			
特种钢	液晶	电子零部件（芯片、半导体、触点等）	稀土磁铁小型发动机	小型可充电电池（锂离子电池、镍氢电池）	使用超硬合金的工具等	尾气净化
镍（Ni）、铬（Cr）、钼（Mo）等	铟（In）、铈（Ce）等	镓（Ga）、钽（Ta）等	钕（Nd）、镝（Dy）等	锂（Li）、钴（Co）等	钨（W）、钒（V）等	铂（Pt）等

料，为我们的生活“增色”。而钻石、红宝石等宝石，则为人类文明“添彩”。

18 世纪后半叶，人类利用从地下挖出的煤炭进行了轰轰烈烈的工业革命。后来，又利用石油作为燃料完成了第二次工业革命，为近代文明奠定了基础。现在，我们使用的一部分能源就是铀等核燃料，而这些核燃料也是从矿物中提取出来的。

支持现代产业的稀有金属

除此之外，还有各种各样的矿物也在默默地为我们的生活、文明贡献着力量。举例来说，因为水晶拥有稳定的振动频率，所以被用在了电子计算机、石英钟等多种电子器材上。

如今，包括稀土（17 种元素）在内的稀有金属[注4]，对产业的发展起着至关重要的作用。稀有金属拥有耐热、耐腐蚀、磁性、荧光等多种优秀性质，多被用来制造现代产业必不可少的电子零部件、高性能磁铁、小型可充电电池等。因为精炼的成本很高，所以即使现在，提取稀有金属也是比较困难的。但是，某些矿物中同时存在多种稀有金属，随着精炼技术的发展，未来我们有可能获得更多的稀有金属和稀土材料。

矿物经过数十亿年的演变，是大地精华的结晶。邂逅矿物，受其恩惠才建立起高度发达文明的人类，今后也应该以敬畏、谦逊的态度对待大地给我们的恩赐——矿物，从而在矿物的帮助下，建立更加发达的文明。

科学笔记

【奥杜威石器】 第54页 注1
这种石器的主要出土地是坦桑尼亚的奥杜威峡谷。有一种说法认为这些石器是自然界形成的，但是验证实验证明，这些石器是被人有意地制造出来的。

【燧石】 第54页 注2
燧石虽然非常坚硬，但是易于加工，是一种在石器时代广泛使用的石器材料。另外，它还可以作为打火石使用。

【冶金技术】 第54页 注3
从矿石中提炼出金属，再进行精制、加工，制成实用材料的技术。

【稀有金属】 第56页 注4
稀有金属是指在地球上储量很少，而且提炼比较困难的金属。有锂、钒、锰、钴等47种，其中有17种被称为稀土，即钪、钇和15种镧系金属（请参见前面的元素周期表）。

文明与地球　都市与矿物

城市的发展也得益于矿物

19 世纪中期，在美国加利福尼亚州发现了砂金，结果，30 万心怀淘金梦的淘金者从美国各地甚至外国蜂拥而至。这就是著名的“淘金潮”。砂金的发现地旧金山原本是个小镇，但是在 1848 年至 1849 这短短 1 年时间里，旧金山的人口就从 1000 人猛增到 2.5 万人，小镇也迅速发展成了城市。如今，旧金山和洛杉矶并列，是美国西海岸具有代表性的大都市。

美国阿拉斯加州也有过“淘金潮”

来自顾问的话

和有机气体共生的矿物

备受关注的可燃冰

石油中含有甲烷、乙烷等成分，它们主要是由远古微生物的生命活动或有机物的热分解形成的。甲烷、乙烷等是重要的燃料，目前使用非常广泛。近年来，科学家在海底发现了甲烷水合物，它作为可待开发的新能源备受关注。甲烷水合物是水分子以笼形结构将甲烷分子包裹在其中的一种物质。除此之外，还有乙烷水合物、丙烷水合物等。因为甲烷、乙烷、丙烷的分子大小不同，因此水合物中水分子的笼形结构也有所不同。上述天然气水合物统称为可燃冰。

二氧化硅（硅石）是矿物界的一位重要成员，有一种高纯度的硅石就是石英（水晶），石英是最常用的一种矿物。另外还有一种矿物叫鳞石英，它与石英的化学成分相同，只是晶体结构不同。在高温环境中，稳定的β-鳞石英具有六方晶系的晶体结构，和普通的冰相同。也就是说，在特定条件下，硅石和冰具有相同的晶体结构，因此，可燃冰存在硅石置换体。

■千叶县木更津市出产的硫方英石

木更津市出产的硫方英石和1876年在意大利西西里岛发现的完全相同，它的笼形结构比千叶石的稍小一些。

■等轴晶系Ⅱ型（sⅡ）的千叶石

左图是在日本千叶县南房总市采石场发现的千叶石，右图是在中央构造带北部发现的千叶石。这里的千叶石比硫方英石具有更大的笼形结构，其中包裹着甲烷、乙烷等天然气分子。

在日本千叶县南房总市发现的新矿物

1876年，在意大利的西西里岛，人们在自然硫磺的周边发现了一种无色的立方体结晶，这种无色结晶燃烧后会变成黑色，被命名为硫方英石。后来发现，它是由硅石分子以笼形结构包裹甲烷分子构成的。换句话说，它是人类发现的首例甲烷水合物的硅石置换体。现在，把以笼形结构包裹着天然气分子的硅石，称为硅石包裹体化合物。在人工合成实验中，科学家合成出了几种类型的硅石包裹体化合物。但是从前认为，天然存在的硅石包裹体化合物只有硫方英石一种（等轴晶系Ⅰ型<sⅠ>）。

1998年，在日本千叶县南房总市的采石场中，发现了一种乳白色的六角板状晶体。以此为契机，2007年科学家又在那里发现了无色透明的六面体、八面体的单晶体和双晶体。在以门马纲一先生（现为日本国立科学博物馆研究员）为中心的大批研究者的努力下，判明这些晶体是等轴晶系Ⅱ型（sⅡ）硅石包裹体化合物。2011年，这种物质被命名为千叶石，并被国际矿物学联合会认定为一种全新的矿物。后来，经研究确认，一部分千叶石含有六方晶系H型（sH）的硅石包裹体化合物，2014年，这种类型的硅石包裹体化合物也被认定为新矿物，被命名为房总石。另外，2011年，在千叶县木更津市发现了和当年西西里岛完全一样的硫方英石。这些矿物的成因，还有待进一步的详细研究。2013年，在横断日本本州中部的断层地沟带（中央构造带）北部，发现了千叶石和硫方英石的晶体，这可能是研究硅石包裹体化合物成因的一条重要线索。

松原聪，1946年出生，京都大学研究生院理学硕士、理学博士，日本矿物科学会前会长。主要著作有《惊艳世界的矿物》（宝岛社出版）、《日本的矿物》（学研社出版）、《矿物漫游向导》（丸善社出版）等。

独特的矿物

Unique Minerals

闪耀夺目的矿物是来自地球的馈赠

岩石在形成的过程中，会伴生许多矿物。将这些矿物开采出来置于特定的环境下，它们会呈现出不可思议的形状和颜色，美艳夺目，简直就是地球创造出来的艺术品。

矿物种类数量的变迁

现在，世界上已经发现的矿物约有5000种，每年还会有近100种新矿物被发现。日本已经确认蕴藏的矿物约有1250种。预计今后还会发现更多迷人的新矿物。

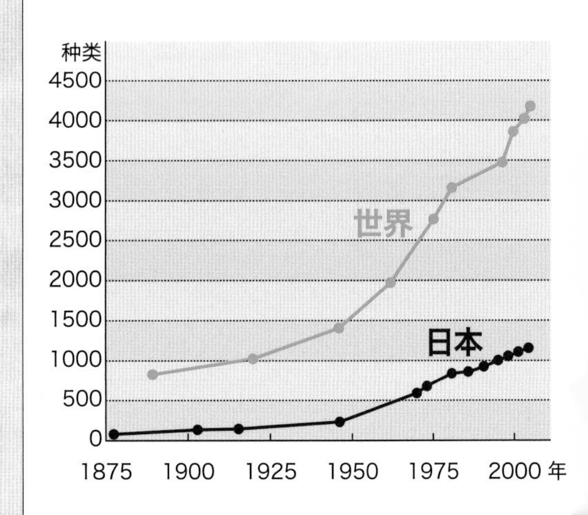

【沙漠玫瑰（石膏）】

Desert Rose (gypsum)

沙漠玫瑰，是石膏的薄板状晶体像花瓣一样聚集在一起的矿物。在富含矿物质的沙漠绿洲中，常常能发现沙漠玫瑰。如果绿洲中的水富含硫酸钙的话，那么当水分蒸发，水源干涸的时候，水中的硫酸钙就会结晶形成沙漠玫瑰。

数据	
化学式	$CaSO_4 \cdot 2H_2O$
晶系	单斜晶系
主要颜色	无色、白色、淡黄色
莫氏硬度	2
主要出产国	摩洛哥、突尼斯、墨西哥

【葡萄石】

Prehnite

葡萄石是铝硅酸盐矿物。因为这种矿物的形状很像一串串的葡萄，所以得名葡萄石。它的板状或针状的晶体呈放射状分布，聚集在一起就变成了葡萄的形状。当葡萄石中的一部分铝被铁置换后，它就会呈现出淡绿色。

数据	
化学式	$Ca_2Al(AlSi_3O_{10})(OH)_2$
晶系	斜方晶系、单斜晶系
主要颜色	无色、淡绿色
莫氏硬度	6~6.5
主要出产国	加拿大、美国、印度

近距直击

与菅原道真有关的矿物——樱石

堇青石的晶体分解后变质形成的白云母，在日本被叫作樱石。樱石呈白色或淡粉色，母岩风化后，樱石就会自然分离出来。日本京都府龟冈市的樱天满宫一带是樱石的著名产地之一。说到樱石这个名字，就不得不提到一位名人——菅原道真。当年菅原道真被贬到大宰府时，他把家臣赠送的樱花种在了樱天满宫。传说就是因为这个缘故，当地才会多产樱石。

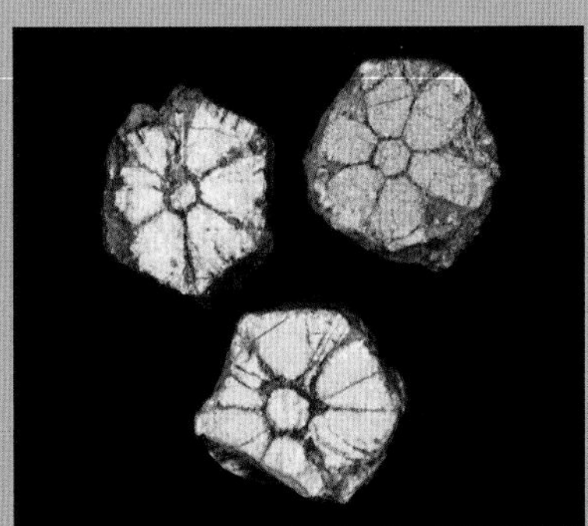

从母岩中分离出来的樱石，横截面的图案看起来就像朵朵美丽的樱花，樱天满宫出产的樱石被誉为日本的天然纪念物

【十字石】

Staurolite

十字石，是两个棱柱状晶体以对称的形式结合在一起的双晶，产于云母片岩等变质岩中。当风化作用很强的时候，母岩即使全部风化，十字石也多有留存。在信仰基督教的国家，十字石被视为一种神秘的石头，非常宝贵。

并不是所有的十字石都能呈现完美的十字形，也有不规则形状的

数据	
化学式	$Fe_2Al_9Si_4O_{23}(OH)$
晶系	单斜晶系
主要颜色	褐色、红褐色
莫氏硬度	7~7.5
主要出产国	俄罗斯、法国、美国

【白钨矿】

| *Scheelite* |

白钨矿出产于矽卡岩矿床或热水矿床，以块状或粒状存在。白钨矿的一个特征是在紫外线照射下呈现蓝白荧光色。白钨矿的主要成分为稀有金属元素钨，钨是熔点最高的金属，主要用于制造硬度高的合金材料，也是制造武器常用的金属材料。

用短波长的紫外线进行照射时，白钨矿可以发出荧光，因此在观察的时候需要调暗环境光线

数据	
化学式	$CaWO_4$
晶系	四方晶系
主要颜色	无色、黄褐色
莫氏硬度	4.5~5
主要出产国	加拿大、中国、日本

【黄铁矿】

| *Pyrite* |

黄铁矿是自然产生的一种铁和硫的化合物（二硫化亚铁），它的晶体呈正方体或八面体，非常漂亮。由于它的颜色很像金子，很多人误以为它就是金子，因此它也被称为“愚人金”。黄铁矿的个体大小多种多样，有十分微小的，也有大到10厘米左右的。

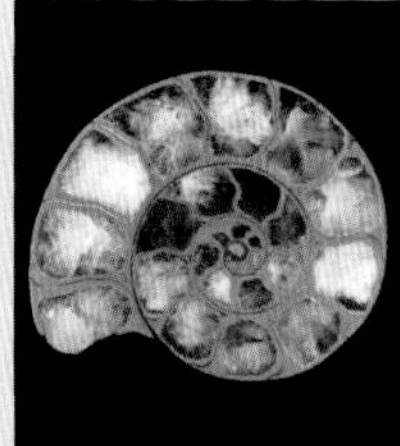

有些动物化石壳中的碳酸钙被黄铁矿置换了，显得更加美丽，菊石就是典型代表

数据	
化学式	FeS_2
晶系	等轴晶系
主要颜色	金色、黄色
莫氏硬度	6
主要出产国	西班牙、墨西哥、美国

【中沸石】

| *Mesolite* |

中沸石的外壳一般由硅、铝等元素构成，内部则由碱金属元素或碱土金属元素构成。在已知的90多种沸石中，中沸石的钠钙比例是1比1。中沸石的针状晶体呈放射状聚集，外观很像一个雪球。

数据	
化学式	$Na_{16}Ca_{16}Al_{48}Si_{72}O_{240}\cdot 64H_2O$
晶系	斜方晶系
主要颜色	粉色、无色、白色
莫氏硬度	5
主要出产国	印度、捷克、美国

地球进行时！

用于核能的铀矿石

铀矿石，是指含有放射性元素铀的放射性矿物。对铀矿石进行精炼，去除杂质，再经过转换、浓缩，便可提炼出铀燃料。让铀燃料发生核裂变的话，可以释放出巨大的能量。核武器和核发电，就主要利用了这种能量。不过，核燃料虽然可以为我们提供强大的能源，但另一方面，由于它的放射性强，也会给人类的健康带来很大的危害。今后还要不要继续利用核燃料，是我们面临的一个艰难抉择。

在东日本大地震的时候，福岛第一核电站发生了爆炸事故，向周边地区泄漏了大量放射性物质

【拉长石】

| *Labradorite* |

在构成地壳的矿物中，长石约占60%，而拉长石属于长石中的斜长石。对拉长石的表面进行研磨后，在光照下改变角度，它常常会闪耀出蓝色、黄色等夺目的光彩。这是因为拉长石内部由折射率不同的薄层重叠而成，折射的光线相互影响，便有了多彩的效果。

数据	
化学式	$(Ca,Na)(Si,Al)_4O_8$
晶系	三斜晶系
主要颜色	蓝色、灰色、白色
莫氏硬度	6~6.5
主要出产国	加拿大、芬兰

世界首屈一指的“粉红乐园”

肯尼亚东非大裂谷

位于肯尼亚裂谷省，2011 年被列入《世界遗产名录》。

非洲大陆有一条纵贯南北、长达 6400 千米的大裂谷，叫作东非大裂谷。在东非大裂谷的一角，分布着 3 个湖泊：博格利亚湖、纳库鲁湖和埃尔门泰塔湖。这 3 个湖泊是 100 多种鸟类的栖息地，尤其是火烈鸟。每年会有数百万只火烈鸟聚集在湖畔，将湖畔染成一片粉红色，那景象可谓十分壮观。除了 13 种濒临灭绝的珍稀鸟类，这里还生活着多种哺乳动物，因此，这里的湖泊系统是生态学研究的重要场所。

在博格利亚湖畔大量集结的火烈鸟

博格利亚湖、纳库鲁湖和埃尔门泰塔湖都是盐碱湖，除了人工放养的一些鱼类，很少有原生的鱼类，但是藻类和甲壳类动物很丰富，为鸟类提供了食物。火烈鸟的羽毛之所以呈粉红色，是因为它们捕食的虾蟹中含有类胡萝卜素这种红色素。最多的时候，3 个湖泊会同时集结 400 万只以上的火烈鸟。

东非大裂谷三湖

博格利亚湖

博格利亚湖是三湖中最深的一个湖，无论哪个季节，都能看见成群的火烈鸟栖息于此。因为该湖地处火山地带，所以热泉、间歇泉比较常见。

纳库鲁湖

纳库鲁湖位于纳库鲁湖国家公园的中心，和博格利亚湖一样，也是火烈鸟的重要栖息地。周围的自然景观丰富多彩。

埃尔门泰塔湖

以前，埃尔门泰塔湖曾有一部分和纳库鲁湖连在一起。在旱季，纳库鲁湖水量减少的时候，火烈鸟也会转移到埃尔门泰塔湖。

这难道是存在于万事万物中的

波动

涌向沙滩的海浪节奏、风吹的声音、心脏的跳动、小溪的潺潺水声，还有音乐……根据频率来分析上述各种现象时，我们可以发现一种具有共通性质的『波动』。

这个世界上的所有物质都由分子构成，而分子和分子中的电子都是在不停运动的。物理学认为，世界上的所有物质都处于“波动”之中。

电流在流动的过程中会发出“噪声”，这也是一种波动，但电子设备发出的噪声有很多种类。举例来说，以前的电视机，接收的是模拟信号，每天半夜电视台停止发送电视信号后，家里的电视屏幕就会出现一片“雪花”，同时一直发出“沙——”的噪声。这种噪声叫作“白噪声”，所有频率的波都有相同的强度。白噪声的波谱显示出的各个频率的信号强度，在横轴上几乎是平行的（左下图）。

与白噪声相对，还有一种“粉红噪声”。粉红噪声的特点是频率越高的波，强度越小。波的强度和频率成反比例关系，用波谱显示出的是一幅由左向右倾斜的图像（右下图）。这是一种被称为“1/f 波动”的噪声。1925 年，美国物理学家 J. B. 约翰逊首次在真空管的电流中观测到了这种噪声。后来，他还在半导体等多种电子零部件中发现了这种噪声。但是它的形成原理，在当时还没有被弄清楚。

随着研究的进展，科学家们又发现了非常有趣的现象。除了电的世界，自然界中的各种现象似乎都存在 1/f 波动。

举例来说，大海的波浪、风的声音等，都存在 1/f 波动，但并不恒定，时强时弱。这意味着自然界中有很多频率不同的声音交织在一起，但如果将各种频率的声音分离出来，分别观测强度的话，就会呈现出与 1/f 波动非常接近的波谱。

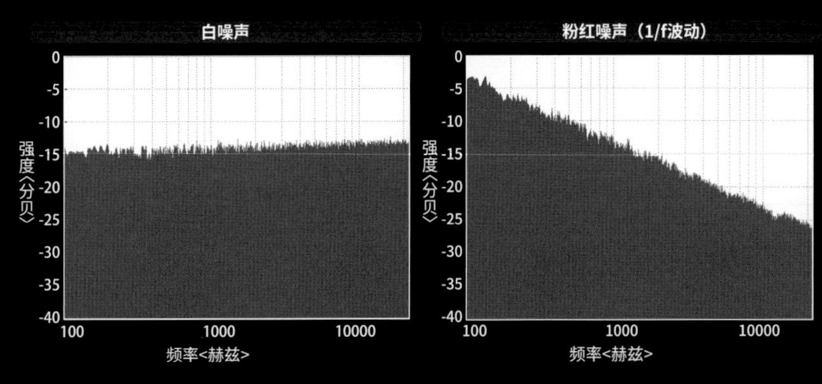

上面两幅图是不同频率的电波所产生的噪声的波谱，左图是白噪声，所有频率的噪声几乎都是一样的强度，右图是粉红噪声，噪声的强度与频率成反比，这就是1/f波动

从心脏的律动中发现的“波动”

科学家还解析了小溪的潺潺水声，测量了树木年轮之间的宽度，结果发现它们都有 1/f 波动的倾向。自然界中各种各样的现象都呈现出 1/f 波动的共通特征，这到底意味着什么呢？

前面提到的几种现象，是不是大多会令人感到心情愉悦？因此，多数研究者主张：“令人心情愉悦的刺激或现象，大多存在 1/f 波动。”

1977 年，美国加利福尼亚大学的理查德·博斯等人发表了一项研究成果，称音乐中也存在 1/f 波动。他们从频率（音程）和振幅（强弱）方面对各种乐曲进行了分

自然界的风时强时弱，形成不规则的波，对这种波的分析结果发现了 1/f 波动的规律

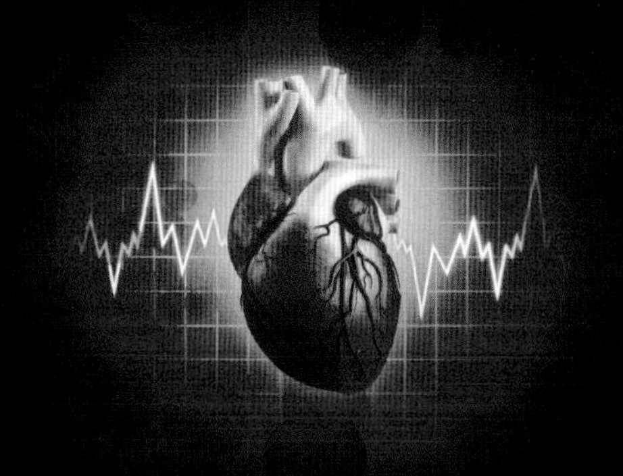

我们心脏跳动的每一拍长度都有些许差异，形成不规则的节奏，其中也存在1/f波动的特性

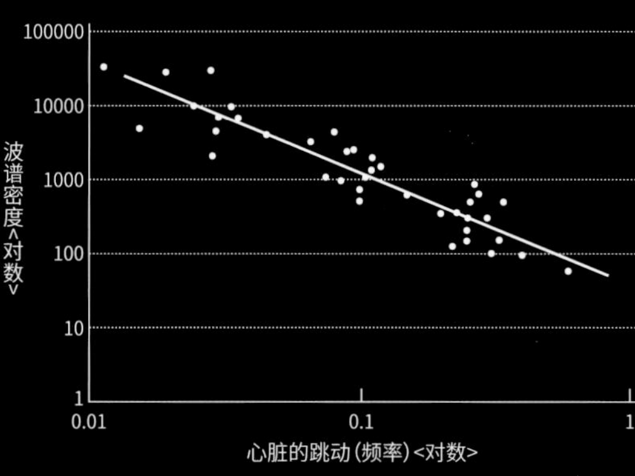

上图是以健康人的心电图为基础制作的波谱，可以发现心跳的分布基本位于1/f波动的直线上

析，结果表明，像巴赫、莫扎特等音乐家创作的那些令人心情愉悦的乐曲的波谱中，都有 1/f 波动的倾向。

我们的心情愉悦与 1/f 波动之间究竟存在什么样的关系呢？

于是，又有科学家从这个角度出发，对我们心脏的跳动进行了研究，结果发现心脏跳动也存在 1/f 波动的倾向。

健康人的心跳，每一拍的长度是存在微小差异的。科学家对这种不规则的心跳规律按频率进行了分析，果然发现了 1/f 波动的倾向。

顺便一提，重度心脏病患者或脑死亡的人在生命垂危时，心脏是按照恒定规律跳动的，没有 1/f 波动倾向。因此，也可以说 1/f 波动是生命力的证明。

探寻 1/f 波动之谜才刚刚起步

在有了 1/f 波动研究成果这一背景下，从 20 世纪 90 年代开始，市面上出现了不少打着“1/f 波动”旗号的商品，比如“1/f 波动风”的电风扇，“1/f 波动韵律”的音乐唱片等。这些商品的宣传语都号称“1/f 波动可以使人身心放松”。

但是，1/f 波动对人体和其他生物到底有什么作用或影响，目前科学界还没有明确的定论。很多科学家表示，还没有足够的证据表明 1/f 波动可以给人带来放松效果。

尽管如此，自然界中的 1/f 波动现象，确实可以让我们感到心情愉悦。我们身体内部也存在 1/f 波动倾向，这也是事实。

我们的身体、周围的大自然，这个地球上的所有事物都是在不停运动的。创造宇宙的神秘力量，也许就是用 1/f 波动来协调这无数运动的。1/f 波动到底是什么？人类关于这个问题的研究，才刚刚起步。

树木的年轮绝不是等间距的，有的地方间距大，有的地方间距小，形成一种不规则的波，在测量了各个年轮间距，与整体平均间距比较并画出差值图表后，同样发现了1/f波动的倾向

Q 哪里可以采集到矿物？

A 岩石和矿物随处可见，但在国家公园、准国家公园、天然纪念物指定区域，是严格禁止采集岩石、矿物的。要去野外的山岭采集，也需事先获得土地所有者的许可。建议地质初学者去公共的河滩、海岸采集岩石、矿石标本。需要的工具主要有地质锤和凿子，包裹标本的旧报纸和塑料袋，做记录用的笔记本、笔等。为了让双手能够自由活动，上述物品最好装在背包里。为了防止蚊虫叮咬和擦伤，最好穿着长袖衬衫和长裤，戴上帽子、手套。采集到岩石或矿物标本之后，千万不要将其丢弃在其他场所。再有，资源是有限的，注意不要过度采集。

Q 形成时间最短的矿物是什么？

A 大部分矿物都需要经历漫长的时间逐渐形成，但也有例外。闪电击中地面，就会形成一种矿物——闪电石。下雨的时候，地表被润湿，泥土容易导电。如果闪电击中地面，闪电的高温将泥土中的沙子熔化，随后迅速冷却、固化，就形成了管状或树枝状的玻璃质矿物——闪电石。闪电击中地面的时间很短，所以这种矿物也是一瞬间就形成的。另外，要形成闪电石，需要6亿伏的闪电能量。美国西海岸和撒哈拉沙漠是闪电石的著名产地。

左图是日本北海道岩见泽市发现的闪电石，在日本的气候条件，一般闪电的能量最大只有1亿伏，按理说不会形成闪电石，但是发现这块闪电石的地区上方有高压线，所以估计是高压线增加了闪电的能量

Q 矿物都是无毒的吗？

A 矿物对人类文明的发展做出了巨大贡献，但是从另一方面来看，有一些矿物会给人体造成很大的危害。大家都知道，石棉的耐热性、耐久性俱佳，常作为建筑材料使用。但是，石棉的纤维极其细小，会飘浮在空气中，容易被人吸入体内。石棉纤维淤积在肺中，容易引发肺癌等严重疾病。另外，也有毒性较强的矿物，最有名的当属含砷的矿物。特别是砷在氧化后形成的三氧化二砷（亚砷酸），俗名叫砒霜，毒性很强。有种砷矿石在日本叫“金平糖石”，其表面附有白色的三氧化二砷。除此之外，水银、铅等都有毒，如果使用方法不当，也会引起中毒。

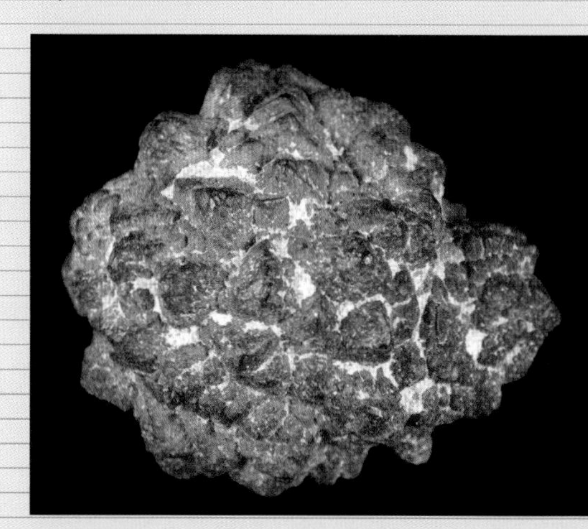

这种砷矿石的外表很像一种名叫金平糖的日本糖果，因此日本人称其为『金平糖石』，但这种矿石绝对不能直接用手触摸，更不能舔

Q 日本发现过哪些新矿物？

A 日本矿物迷的心中有一块发现过不少新矿物的“圣地”，那就是冈山县高梁市的布贺矿山。布贺矿山中发现过武田石、冈山石、沼野石等多种新矿物，其中最有名的要数逸见石。它在石灰岩的空洞中形成，晶体带有蓝紫色的玻璃光泽，呈厚板状或颗粒状，非常漂亮。另外，东京也发现过新矿物。东京都奥多摩町的白丸大坝水下有一座废旧矿山，在其中发现过一种暗红色、半透明的颗粒状矿物，它被命名为“东京石”。所以，日本虽小，但也发现过不少新矿物。

逸见石于1986年被首次发现，一开始只有颗粒状晶体，后来挖掘出了大量的大型晶体

地球上的能源

现在

第 67 页 图片 / 123RF
第 68 页 图片 / 联合图片社
第 70 页 插画 / 真壁晓夫
描摹 / 斋藤志乃
第 73 页 图片 / 联合图片社
第 74 页 图片 / 安藤寿男
图片 / 123RF
图片 / 国家地理图片集 / 阿拉米图库
图片 / PPS
第 75 页 地图 / C-MAP/ 根据英国石油公司 2014 年世界能源统计报告制作本页
图片 / PPS、PPS
第 76 页 图表 / 出自莱昂纳多·盖里（2009）
第 77 页 图表 / 安藤寿男
图表 / 日本 CCS 株式会社
第 78 页 插画 / PPS
图片 / PPS
图表 / 三好南里
第 79 页 图片 / 阿玛纳图片社
图表 / 三好南里
第 80 页 图片 / 朝日新闻出版
地图 / 日本甲烷水合物研究联盟
第 81 页 图片 / 日本石油、天然气和金属矿产资源机构
地图 / 日本甲烷水合物研究联盟
第 82 页 图片 / 日本海洋石油资源开发株式会社
图片 / PPS、PPS
图片 / 日本海洋科学技术中心
第 83 页 图片 / PPS、PPS、PPS
图片 / 卡凡 / 阿拉米图库
图片 / 盖蒂图片社
第 84 页 图片 / 国家地理图片集 / 阿拉米图库
图片 / PPS、PPS
第 85 页 插画 / 真壁晓夫
图片 / PPS
第 86 页 图片 / 照片图书馆
第 87 页 图片 / 英国 A.P.S/ 阿拉米图库
图片 / 照片图书馆、照片图书馆
第 88 页 插画 / 真壁晓夫
图片 / PPS
第 89 页 图表 / 出自 2012 年《可再生能源数据手册》，由三好南里绘制
图片 / PPS
图表 / 出自日本电气事业联合会
第 90 页 图表 / 三好南里
图片 / © 日本悠绿那株式会社
本页其他图片均由筑波大学提供
第 91 页 图片 / 中央大学教授原山重明提供
图片 / 筑波大学，东丸
本页其他图片均由筑波大学提供
第 92 页 图表 / 三好南里
第 93 页 图片 / Aflo
第 94 页 图片 / 杰森·克里斯蒂安森
第 95 页 图片 / PPS、PPS
图片 / Aflo
第 96 页 图表 / 三好南里（根据石油情报中心 HP 制作）
图片 / 一般财团法人太阳能共享协会提供
图表 / © 2014 3TIER 芬兰维萨拉公司

—顾问寄语—

茨城大学教授 安藤寿男

人类讴歌现代文明，而支持现代文明的是化石燃料。

什么是化石燃料?生物通过光合作用将太阳能以及地球上丰富的水分和二氧化碳转化为有机质，然后大量埋藏于地层中，经过悠久岁月的洗礼，遭受热与力的淬炼，形成了化石燃料。

那些原本生活于地球表面的生物，通过这种方式在地球内部进行长达 5 亿多年的演变，脱胎换骨成为能源，而今它们正面临着枯竭的可能。

今后，人类到底该怎样处理能源问题呢?这值得我们深思。

喷涌而出的大地的馈赠

煤炭、石油、天然气……这些能源被称作化石燃料，是数亿年前至数百万年前的生物遗骸在漫长的岁月中分解、演变而来的。太阳能孕育了无数的动植物，它们的遗骸与地球一起变迁，一点点地回归自然，成为蓄积于这片土地中的“力”。长久以来，人类使用化石燃料来生存和繁荣，而有说法认为化石燃料即将被用尽。化石燃料真的会被用尽吗?还是说人类会一边继续使用化石燃料，一边走出一条全新的可持续发展的道路呢?人类的智慧将最终决定今后的发展走向。

饱受海湾战争之苦的科威特油田上的工人

1990 年，伊拉克侵占科威特，打响了海湾战争的第一枪。科威特国内的众多油田也因此受到影响。遭受袭击的油田中，随处可见努力制止石油喷发的男性工人，他们的身影象征了孕育出化石燃料的地球的庞大能量与试图掌控这一能量的人类之间的搏斗。

母岩的诞生

在大约 1 亿年前的白垩纪中期的赤道附近，随着地幔大幅上升，陆地和海底的火山活动都开始变得活跃。气温随之上升，大量二氧化碳被释放出来，可进行光合作用的浮游植物在海洋表面迅速地大量繁殖。它们死亡后，微生物分解遗骸又消耗了大量的氧气，导致海洋中出现缺氧状态。在此情况下，浮游植物的遗骸不能被完全分解，沉积在海洋底部。久而久之，海底生成了富含有机质的黑色泥层，最后又转化成能生出石油的“烃源岩”。与此同时，在恐龙阔步前行的陆地上，植物遗骸大量堆积的湿地变成泥炭沼泽，又在地壳运动作用下沉入地底深处转化成煤炭。对人类文明来说是庞大的能量之源的母岩就是这样诞生的。

浮游生物
菊石
长颈龙
煤炭
鲨鱼类
富含有机质的泥层（这里是能生成石油的“烃源岩”诞生的地方）

煤炭、石油、天然气

地球孕育出的化石燃料成就了人类的现代文明

生活在现代的我们，最熟悉的能源当属煤炭、石油和天然气。在长达数亿年的历史中，地球孕育出了宝贵的化石燃料，没有它们，就不会有人类的繁荣发展。

没有化石燃料，就没有我们人类的文明！

拉开现代文明序幕的大功臣——煤炭

18 世纪后半叶，英国爆发“工业革命”，后逐渐蔓延至世界各地。其后约 200 年的时间里，世界人口大约增长了 7 倍。那么，是什么支持着人类完成史上最大规模的技术革命，应对人口增长问题，解决随之而来剧增的能源需求呢？是煤炭。接着， 20 世纪中叶以后，石油将煤炭从主要能源的宝座上拉了下来，因为它的热效率比煤炭更高。人类的能源消耗品类自此又多了一个选项。

煤炭、石油，还有天然气，这些能源来源于数百万年前乃至数亿年前的动植物遗骸。各种各样的有机质在地层深处承受高压和高温，通过化学反应生成富含可燃性碳元素的化合物。这些以有机质为原材料、经过悠久岁月演变而来的能源，就是化石燃料。煤炭、石油和天然气是其中的代表。

可以说，近代以来的文明发展离不开这些化石燃料。那么，化石燃料具体是如何生成的，人类又是如何利用它们的呢？在我们思考未来的能源之前，还是先来回顾一下这些内容吧。

19世纪50年代英国斯塔福德郡的煤矿

使用以煤炭为燃料的蒸汽机开采煤炭的场景。18世纪，英国开始大规模地开采煤炭，发明了能够将地下水抽取上来的蒸汽机，使采煤业有了进一步的发展。

现在我们知道!

支持城市文明的化石燃料在古生代以后形成

经过数亿年的淬炼，地球上才形成了珍贵的化石燃料。现在让我们先来了解一下它的形成过程吧。

煤炭的主要原材料是远古时期的植物遗骸。据考证，现在地层中煤炭储量的 60% ～ 70%，都来源于古生代石炭纪（3 亿 5890 万年前—2 亿 9890 万年前）时期的巨大植物。

这些植物遗骸堆积于湿地、湖泊等地区，在微生物的作用下腐烂分解成泥煤。泥煤进一步沉入地层深处，在地热、地层压力的作用以及地壳运动的影响下，经历了脱水以及热分解等步骤，终于转变为煤炭。这个过程需要非常漫长的时间，而随着时间的推移，煤炭中的碳含量不断提高。像褐煤这种劣质煤，碳含量低，像烟煤和无烟煤这种优质煤，碳含量高。

3 种主要化石燃料的特点和预测储量

煤炭、石油和天然气各有各的优缺点。如果不考虑高昂的运输成本，天然气的优势最明显，期待今后天然气的开采技术能进一步提高。

地层中可见的煤层

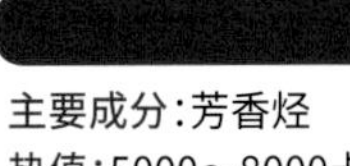

煤炭

主要成分：芳香烃
热值：5000～8000卡路里/千克
已探明可采储量和可采年数*：8609亿吨、109年
优点：可采年数比其他燃料多、储藏区域范围广
缺点：燃烧时产生诸多污染物质

近年来海上油田开发项目红红火火

石油

主要成分：脂环烃
热值：8000～10000卡路里/升
已探明可采储量和可采年数：1.7×10^{12}桶**、53年
优点：液体，不易挥发，易于运输和储存，还比较容易进行输出调整
缺点：产油区域比较集中，容易形成价格暴涨，关于可采年数众说纷纭，预计还有50年左右

天然气在地层压力下自动喷流出来

天然气

主要成分：甲烷
热值：13000卡路里/米^3
已探明可采储量：1.87×10^{14}立方米、56年
优点：与其他化石燃料相比，燃烧后产生的二氧化碳等污染物质最少
缺点：若不使用高压管道进行长距离运输，则运输成本高昂，另外储存设备的费用也非常高

*“已探明可采储量”是指确认存在的、从经济技术层面来说也可开采出来的储量数值。“可采年数”是将已探明可采储量除以年产量得到的数值。上表中两者的信息均来自《2014年能源白皮书》（日本资源能源厅）。
**石油行业的计量单位，1桶约等于159升。

煤炭的形成过程

植物遗骸堆积形成泥煤，泥煤在煤化过程中逐渐失去水分，碳含量升高。其中，褐煤等劣质煤炭的碳含量在 70% ～ 80%，优质煤炭的碳含量在 80% ～ 90%。

石炭纪的鳞木化石

鳞木、芦木等是石炭纪时期森林中典型的蕨类植物。当时的蕨类植物大多都是参天巨木。

煤炭的本来面目是远古时期的植物化石呀!

植物遗骸沉积于湿地、湖底（泥煤）

沉积有机质埋入土中

变成褐煤

进一步煤化

远古时期的海洋微生物遗骸是石油的原材料

那么，石油又是怎么形成的呢？关于石油的起源，曾经有过“无机成因说”[注1]，但现在的主流观点是“有机成因说”，即沉积于海底、湖底的浮游生物和藻类等微生物的遗骸是石油的原材料。这些有机质埋藏在地下，在地热和地层压力的作用下深成，经过长久的时间，转化为石油之母——干酪根（又叫油母质）。干酪根进一步热分解，成为石油。另外，从煤炭中也可以提取出石油来，不过量非常少。

在很多情况下，油气相伴而生。不管是煤层中，还是油田里，都有天然气，而常规意义上的“天然气”，大部分都是和石油一起从油田中被开采出来的。

古生代以后各个时代的地层中，都发现了石油、天然气的存在。据探测，目前约 60% 的储量都存在于中生代（2 亿 5217 万年前—6600 万年前）的地层中。

在中生代白垩纪时期，地球深处的地幔活动导致火山爆发变得非常频繁。受这些地壳运动的影响，海洋中

3 种化石燃料的主要产地和产量

下图中的数值是 2013 年 3 种化石燃料的产量。从图中可以看出来：中东地区的石油产量占世界总产量的三分之一；欧亚大陆与北美的天然气产量占世界总产量的一半以上；中国的煤炭产量一枝独秀。

挪威 83.2 97.9
德国 7.4 43.0
荷兰 3.8 57.6
哈萨克斯坦 83.8 16.6 58.4
俄罗斯 531.4 544.3 165.1
中国 208.1 105.3 1840.0
印度尼西亚 42.7 63.4 258.9
加拿大 193.0 139.3 36.8
美国 446.2 627.2 500.5
委内瑞拉 135.1 25.6 1.7
哥伦比亚 52.9 11.4 55.6
巴西 109.9 19.2 2.8
尔及利亚 9 70.7
利比亚 46.5 10.8
尼日利亚 111.3 32.5
安哥拉 87.4
南非 144.7
印度 42.0 30.3 228.8
澳大利亚 17.9 38.6 269.1
沙特阿拉伯 542.3 92.7
伊拉克 153.2 0.6
伊朗 166.1 149.9
科威特 151.3 14.0
卡塔尔 84.2 142.7
阿拉伯联合酋长国 165.7 50.4

各地区化石燃料产量占世界总产量的比例

石油：中东 32.2%　欧洲 20.2%　北美洲 18.9%　非洲10.1%　亚太地区9.5%　中南美洲9.1%

天然气：欧洲 30.6%　北美洲 26.9%　中东 16.8%　亚太地区 14.5%　非洲6.0%　中南美洲5.2%

煤炭：亚太地区68.9%　北美洲14.1%　欧洲11.6%　非洲3.8%　中南美洲1.6%

石油产量（百万吨）
天然气产量（吨油当量/百万吨）
煤炭产量（吨油当量/百万吨）
石油输出国组织加盟国

出现了无氧、缺氧状态，导致“大洋缺氧事件”频发。

发生这些“大洋缺氧事件”的主要原因是海洋中浮游植物与浮游动物大量增加，它们死亡后，微生物分解其残骸消耗了大量的氧气。经历过无数次缺氧事件后，海底沉淀了数量庞大的有机质。正是这些有机质沉淀，形成了后来的石油。

能源消耗变迁史

从古代文明伊始到中世纪为止，人类的重要能源是木柴和木炭。直至 18 世纪，化石燃料才正式代替了木柴和木炭，被大规模利用。在这个时期，英国发明了蒸汽机，它能够帮助解决开采煤炭时大量地下水伴生的问题。煤炭的开采量大幅度提升。甚至可以说，正是以煤炭为燃料的蒸汽机的发明，带来了工业革命。

后来，在 1859 年又发生了一场新的技术革命。美国费城首次成功使用了机械采油这一石油开采方式，以此为契机，美国各地开始大挖油田。这一次，轮到石油的开采量急剧增长。在这之后，内燃机（发动机）发明，汽车普及，航空器材快速发

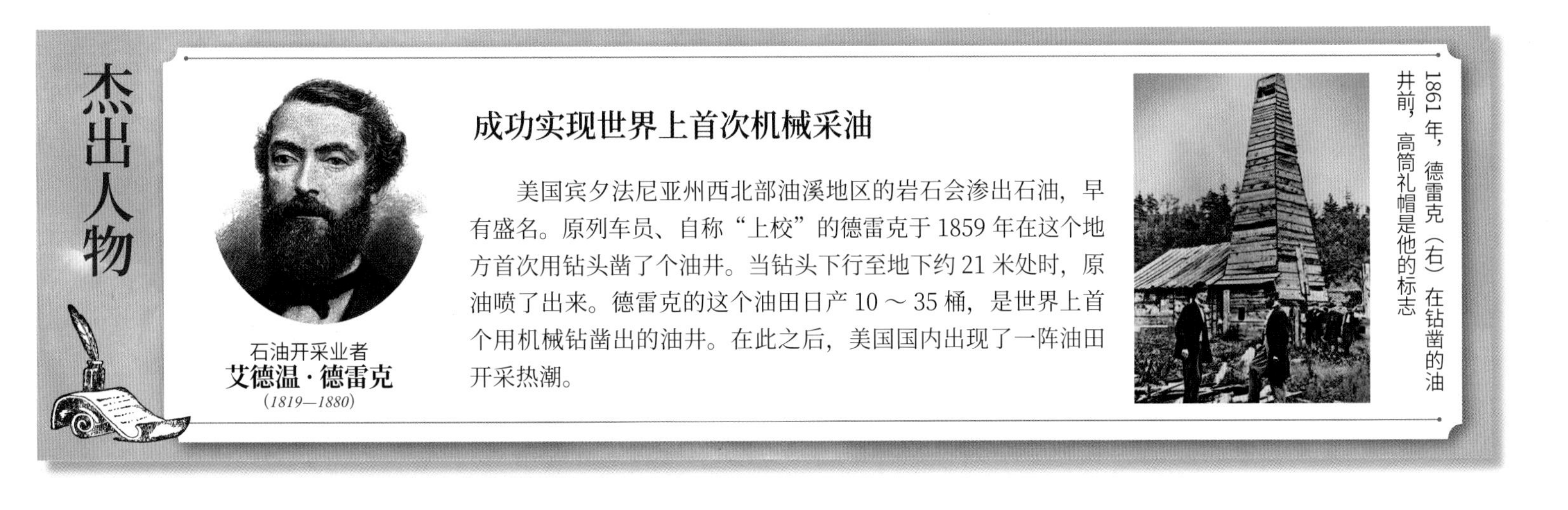

杰出人物

成功实现世界上首次机械采油

美国宾夕法尼亚州西北部油溪地区的岩石会渗出石油，早有盛名。原列车员、自称“上校”的德雷克于 1859 年在这个地方首次用钻头凿了个油井。当钻头下行至地下约 21 米处时，原油喷了出来。德雷克的这个油田日产 10 ～ 35 桶，是世界上首个用机械钻凿出的油井。在此之后，美国国内出现了一阵油田开采热潮。

石油开采业者
艾德温 · 德雷克
（1819—1880）

1861 年，德雷克（右）在钻凿的油井前，高筒礼帽是他的标志

展，两次世界大战爆发，在此背景下石油燃料超越煤炭占据了世界主要能源的宝座。

靠着地球自身活动产生的这些化石燃料都是非可再生能源，使用过一次后就不能再次使用。然而，以化石燃料为基石构筑的人类城市文明，建立在数量庞大的能源消耗上。如果今后人类还要像现在这样不断开采化石燃料，则必将迎来它们枯竭的一天——基于这种假说，许多研究者都在不断计算、预测化石燃料会在多少年后枯竭。

“石油峰值论”[注2]是其中的典型观点，它认为21世纪中叶将迎来世界石油产量的峰值，在此之后逐年减少。国际能源机构则预测世界石油产量的峰值将在2030年前后到来。

石油“预估产量”变化史

关于未来到底还能开采出多少石油，各方研究者和研究机构给出的数据大不相同。20世纪50年代，地质学家马里恩·金·哈伯特提出了“石油峰值论”，并认为峰值会在2000年到来。近年来也有学者认为峰值会出现在2015年。美国能源部则预测，石油产量在2030年前都将稳步上升。

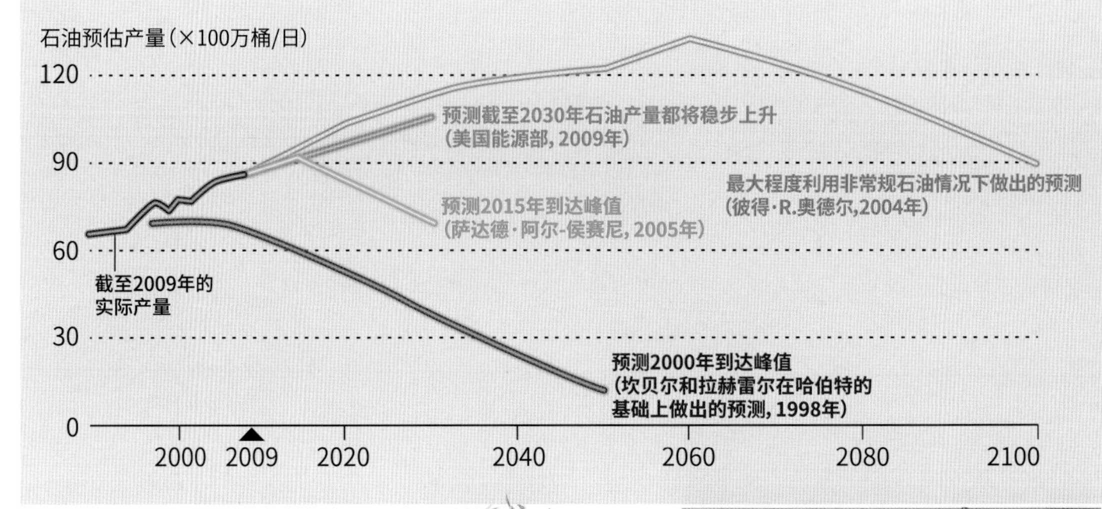

石油产量到底能有多少，这得看今后的技术到底能发展到什么水平！

石油“储量”不断增加？

然而，有很多人并不认同这个石油峰值论。他们认为，随着石油勘探和开采技术的不断提升，可以开采的石油总量（即可采储量[注3]）不断增加，石油峰值到达日也可以不断往后推延。事实上，随着今后技术的进步，天然气的产量想必能比现在预测的值高上不少。

另外，与以往普遍的油田、气田生成形式不同的“非常规能源”也是不容忽视的存在。与这些新能源相关的勘探和开采技术飞速发展，其产能也随之不断提高。但是，化石燃料是有限能源这个事实，是无论如何都不会改变的。从今往后，我们应当如何与地球的宝贵馈赠并肩前行？我们下一章再讲。

科学笔记

【无机成因说】 第74页 注1

地层深处的碳元素与氢元素结合进行无机化学反应后形成石油，石油并不是从有机质转变来的，这就是石油无机成因说。该学说在19世纪后期的俄罗斯、美国等地多有传播，与“有机成因说”的争辩持续了很长时间，近年来“有机成因说”占据了学术界的主导地位。

【石油峰值论】 第76页 注2

美国地质学家马里恩·金·哈伯特于20世纪50年代开始主张的学说。该学说认为石油产量将会在某个时间点迎来峰值，之后不断降低。1956年时的预测认为在2000年前后将迎来峰值。

【可采储量】 第76页 注3

指在地球的石油总储量中，可以被开采出来的数量。将这个数量减去已经开采的数量，再结合现有经济技术条件，可以从储油层中采出的油量就是“探明可采储量”。

近距直击

铀作为能源的发展前景

铀是核能发电的燃料，铀矿石是存在于地层中的一种岩石，与化石燃料一样也是地球自身生成的一种能源。铀矿石在世界大部分地区都可开采，比起石油，在供给上更加稳定。此外，铀是缓和地球温室效应的一种良好能源，以铀为燃料的核发电厂基本上不排放二氧化碳。因此，其发展前景很被看好。然而，美国的三英里岛核电站和苏联的切尔诺贝利核电站以及日本福岛第一核电站的事故发生以来，社会各界再次声讨核能发电和铀作为能源的可行性，质疑的声音日渐强烈。

这是俄罗斯西伯利亚地区的铀矿山，俄罗斯是铀矿石储量丰富的国家，在世界上仅次于澳大利亚和哈萨克斯坦

日本海沿岸的石油勘探活动和二氧化碳封存层调研

对日本海沿岸燃料资源的勘探活动一直在进行

日本的石油自给率只有可怜的0.4%（2012年度），只有新潟县到秋田县靠近日本海的一侧以及北海道有一些小规模的油田。但是，新油田和天然气田勘探项目是日本海洋能源和矿物资源开发计划中的重要一环，相关人员一直在日本海附近谨慎稳步地推进着。特别是在2008年三维物理勘探船资源号探明了地下地质结构的详细情况后，日本的勘探技术水平得到了飞跃提升。

其中从茨城县附近的太平洋海域开始，经过三陆海域、日高海域到贯穿北海道中央地区的稚内海域，这样一片连起长达数千千米的地域，是有望勘探到资源的地区之一。这里广泛分布着从白垩纪到古近纪的各个年代的沉积岩。在福岛县磐城市和岩手县久慈市等地的东北沿岸以及北海道，不但可以看见露出地面的沉积岩，潜入海底还能看到更多更厚的沉积岩。这片区域的地层中埋藏着煤炭，那是由堆积在古亚洲大陆东侧沿岸湿地中的有机质演变而来的，当时日本海都还未形成。这片区域的海洋中，有海生浮游生物尸骸集聚区。它们又逐渐演变为可以生出石油和天然气的烃源岩。因为煤炭热分解后会产生天然气，所以人们对此处的天然气开发抱有很大的期待。事实上，以札幌市为首的北海道各城市的用气，都由苫小牧市的勇拂油气田供应。

只要满足了地质条件，日本周边也是有可能找到油田和天然气田的。只是，日本列岛附近地势复杂，受地壳运动影响，个别地方因巨大的地热和地压多有断层现象发生。即使好不容易产生了烃源岩，也经常会产生石油和天然气自行分解、泄露等问题，这是目前的一大难点。

日本东北部白垩纪—古近纪地层分布图

从库页岛南部至茨城县鹿岛海域、南北纵跨数千千米的古亚洲大陆东侧沿岸，虾夷沉积盆地发达。
■为石油勘探点及海底调查挖掘点。

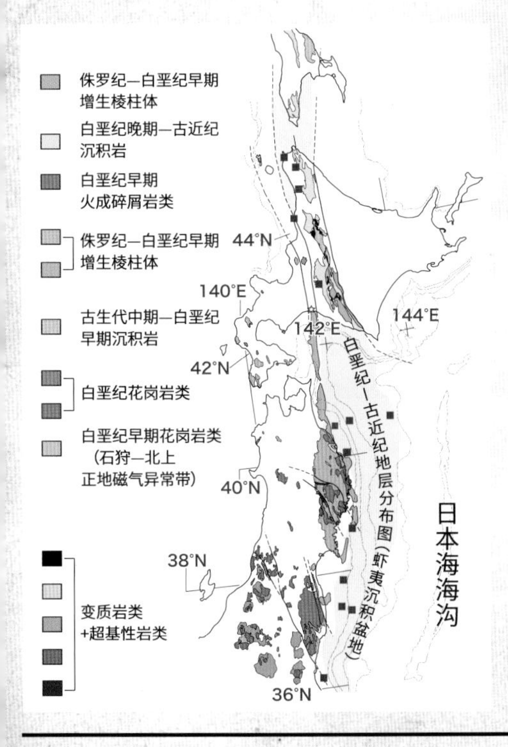

使用二氧化碳驱油以封存二氧化碳

说起来，过多的二氧化碳排放是地球变暖的主要原因，而现在人类研发出的一种化石燃料勘探技术能够有效减少地球二氧化碳含量，因此在世界范围内获得广泛关注。这就是提高石油采收率技术（EOR）中的二氧化碳驱油：使用二氧化碳捕获与封存（CCS）设备，将从工厂、发电站等地收集来的二氧化碳提纯后注入地下1000多米深的地层中。

2014年公开发表的联合国政府间气候变化专门委员会第5次评价报告的第3工作组报告书《气候变化缓解对策》中也提到，在减少二氧化碳排放量上，CCS是不可或缺的技术。

日本苫小牧市的气田正在进行CCS示范测试项目。人们已经开始在日本海沿岸的海底中勘探可用来大规模封存二氧化碳的地点，通过高精度的二维、三维地震探查和地质解析技术，在储集岩上寻找覆有使油气无法通过的遮蔽岩、周边没有断层且气体不会从周围逸出的区域。化石燃料勘探技术同时也成了减少二氧化碳这一温室效应气体的有效方法。

二氧化碳捕获与封存（CCS）

从工厂、发电厂排放出的废气中提纯二氧化碳，回收后通过管道输送至封存点，加压注入地层中（压入），封存在地下1000～3000米的地层中。封存层的上部必须要有一个覆盖层（遮蔽层），保证二氧化碳不会逸出。

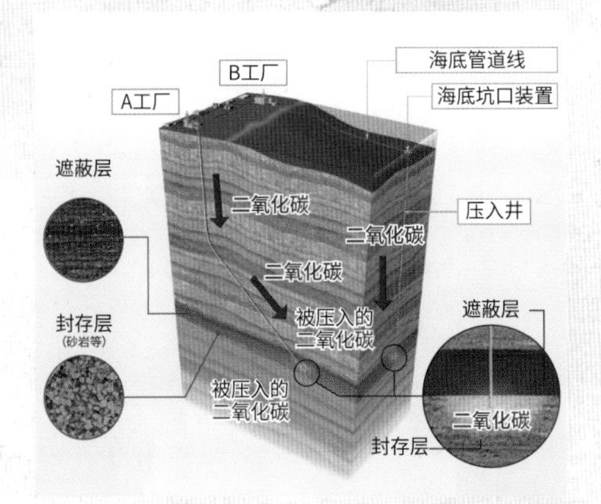

安藤寿男，1956年出生。东京大学大学院理学系研究科地质学专业博士。主要研究日本东北部地区白垩纪至第四纪地层中化石层的形成过程，以及蒙古戈壁沙漠中白垩纪湖成层对古代环境的影响。国际地址对比计划（IGCP）608项“白垩纪亚洲-西太平洋生态系统”项目带头人。著有《古生物学事典》《沉积学辞典》等（两书均由朝仓书店出版）。

随手词典

【沥青】

沥青是与干酪根一起在石油烃源岩中生成的有机物，主要成分为烃，英语叫“bitumen”。它是石油在岩石中移动后形成的物质，所以能够帮助人们勘探到石油矿床的所在。有时候也有油砂附着在沥青上。

3. 干酪根深成，转化生成石油

地壳运动产生地热，在地热的影响下干酪根热解转化形成油、气以及水分。这个过程被称为干酪根的深成阶段。如果没有这个深成阶段，石油就不可能产生。

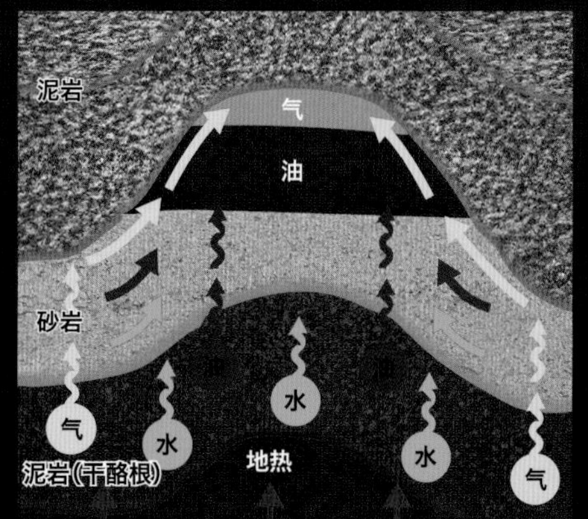

油、气和水分的密度比岩石小，不断攀升，最终钻进具有渗透性的岩石孔隙中

5. 石油、天然气的开采

石油和天然气被封存在高温、高压的地层深处，需要钻井开采。钻好油井后，在压力差的作用下，石油自发地从地下喷出至地面（自喷现象）。

右图是高压作用下，天然气与石油一起喷出

原油运输船

冠岩
阻挡石油移动的不具渗透性的岩石。

含气的储集岩
石油挥发出的气体聚积于储集岩的上部。

含石油的储集岩
石油多积聚于砂岩、石灰岩等孔隙多的岩石中。有时候这些岩石的下部还会有积水。

含干酪根的烃源岩

4. 石油的移动和积聚

一部分油、气从烃源岩向砂岩、石灰岩等多孔介质岩石攀升，当撞上细密的泥岩等渗透率低的岩石（冠岩）层时就会积聚在岩石下。这种富含石油和天然气的岩石，被称为“储集岩”。

原理揭秘

从石油的形成到石油的开采

就像水珠藏于海绵中一样，石油和天然气牢牢地被封存在岩石粒的孔隙中。数亿年前至数百万年前的浮游生物尸骸到底经历了怎样的蜕变，最终生成石油和天然气的呢？

1. 有机质和泥沙一起沉积

沉淀在海底的浮游生物尸骸等有机质与泥沙混在一起。随着时间的推移，这些沉积物被埋入地层深处。在地层中，有机质脱水浓缩，之后又受地层中的高压、高温影响，在微生物作用下变质。

浮游生物与微生物

在海水中大量繁殖的浮游动物、浮游植物、藻类，以及从陆地上冲刷而来的动植物残骸沉积在海底，成为生成石油的“原材料”。

浮游生物有两种，一种是可以进行光合作用的浮游植物，另一种是需要摄取食物的浮游动物

地层中的高压和高温

富含有机质的沉积物

砂岩

2. 泥岩中生成干酪根（油母质）

沉积物中生成了不溶于水的高分子有机化合物，即干酪根。含有干酪根的岩石被称为“石油烃源岩”。烃源岩中也含有以烃为主要成分的沥青。

富含干酪根的烃源岩

干酪根主要存在于泥质沉淀物中，是一种不能溶于有机溶剂的有机质，主要构成元素为碳（C）、氢（H）、氮（N）等，是一种高分子化合物。干酪根热解之后可以产生石油等碳氢化合物，因此被认为是石油的“本源物质”。

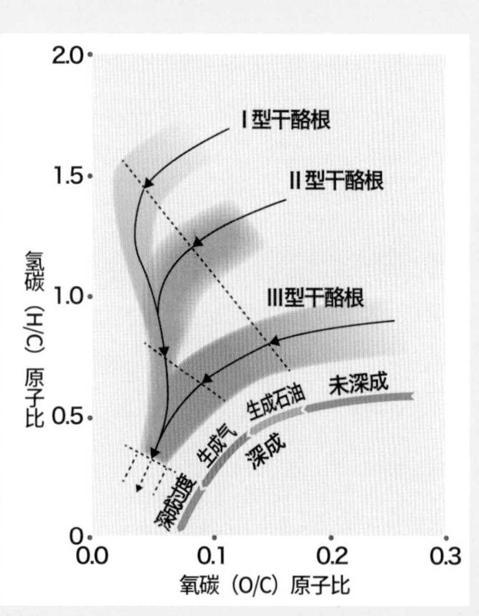

干酪根又有不同类型，其中氢碳原子比（H/C）高、氧碳原子比（O/C）低的是最容易热解生成石油的种类

新型能源

全世界都在开发非常规能源的潜力

石油等化石燃料一直支持着现代文明的发展，而今它们正面临着枯竭的危机。作为它们的替代品，『非常规能源』备受期待，成为引领未来走向的能源。

深海钻探船地球号

它是 2005 年完工投入使用的钻探船，全长 210 米，总吨数约为 57000 吨。它是世界上唯一能够在地震多发地区进行深度钻探的船。

它们会是点亮 21 世纪的明灯吗？

地球号是拥有世界上最强开采能力的深海钻探船。2013 年 3 月 12 日，该船船尾的燃烧器在日本爱知县、三重县燃起熊熊火焰。燃料是从水深 1000 千米处的海底甲烷水合物层开采出来的甲烷气体。这是世界上首次海洋生产试验中的气体试采点火成功的瞬间。

甲烷水合物分解后会释放出大量可燃烧的甲烷气体，换言之，它是“天然气的仓库”。但是，它多埋藏于海底深处的地层中，想要开采极为不便，而这次的试验证明了天然气连续开采的可行性，在商业开发道路上迈出了重要的一步。

近年来，以甲烷水合物为首，包括页岩气、油砂等通过高端技术获得的能源，在世界范围内得到广泛认同，勘探、开采进程稳步推进中。这些能源又被称为“非常规能源”，其开采方法不同于石油、天然气等传统能源，长久以来都难以实现商业化生产。可以说，在石油等能源濒临枯竭的现代社会，不仅人类发展，就连地球环境也会被这些非常规能源所左右。下面就让我们揭开它们的面纱，来仔细地看一看吧。

根据预估，日本近海中蕴藏的甲烷水合物换算成天然气约为 7×10^{12} 立方米，这个数值是日本国内 100 年的天然气消耗总量

甲烷水合物燃烧的熊熊火焰

这是横跨爱知县海域、三重县海域的试验田上的盛况。地球号的钻井深入海底约330米处采集甲烷，获得了12万立方米的气体。但是另一方面，受地层中的泥沙回灌钻井及恶劣天气的影响，原本计划2周的开采项目在第6天中断。如何尽快实现商业化开采是一个紧迫的现实问题。

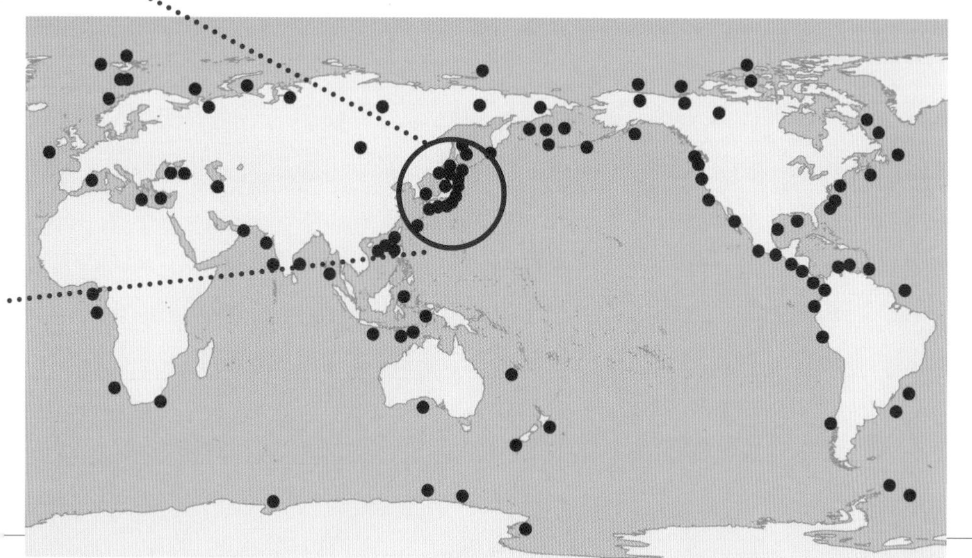

甲烷水合物的分布

甲烷水合物多发现于海底、永冻层等区域，在世界范围内都有分布。石油和煤炭等化石燃料的储量换算成有机碳元素约为 5×10^{12} 吨，而甲烷水合物则高达 10^{13} 吨。

甲烷水合物又被称为可燃冰，是由甲烷和水组成的一种笼形水合物。

非常规能源一览

非常规能源可分为非常规石油能源和非常规天然气能源两大类，在此介绍 5 种主要的非常规能源

下图是燃烧的甲烷水合物，1立方厘米（1块冰糖大小）的甲烷水合物可收集1个牛奶瓶容量的甲烷气体

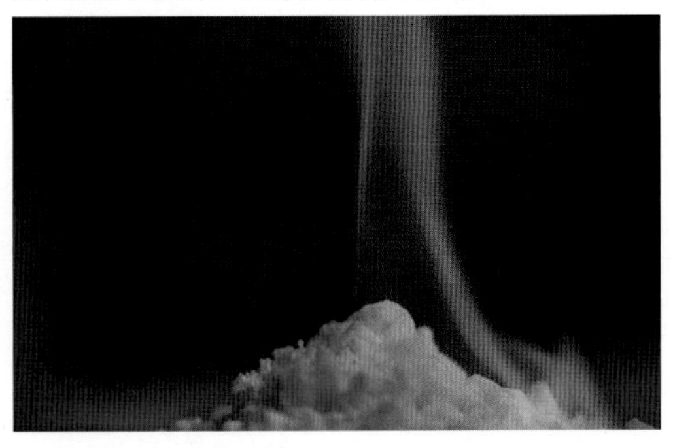

海底的甲烷水合物

下图是有东京大学参与的研究小组在 2004 年—2005 年于日本新潟县海域拍摄到的暴露在海底表面的甲烷水合物。该小组表示，世界上首次拍摄到暴露的甲烷水合物的地点是西太平洋海域。

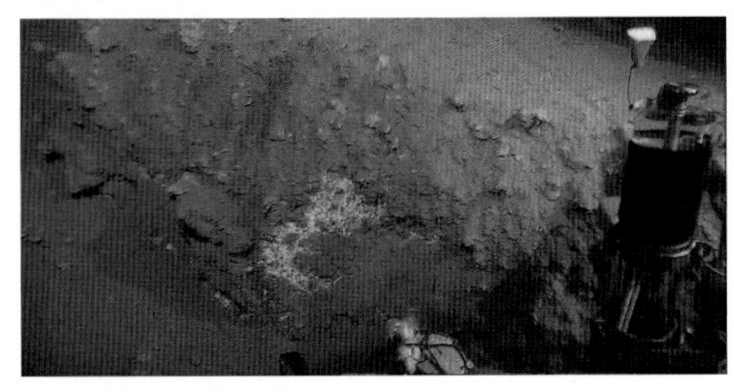

甲烷水合物

在低温和高压条件下，水分子变成立体的“笼子”的结构，甲烷分子钻入其中，形成了甲烷水合物。当温度升高或者压力下降后，“笼子”的结构崩坏，甲烷就跑了出来。从理论上来说，它是非常规能源中储能最多的能源。

主要持有国/世界各国
储藏环境/深海、永冻层等
资源量/约10^{13}吨（换算成有机碳元素）
所属类别/非常规天然气资源

下图是甲烷水化合物结晶结构模拟图，水分子（红球是氧原子，白球是氢原子）包裹着甲烷分子（1个黑色碳原子与4个白色氢原子）

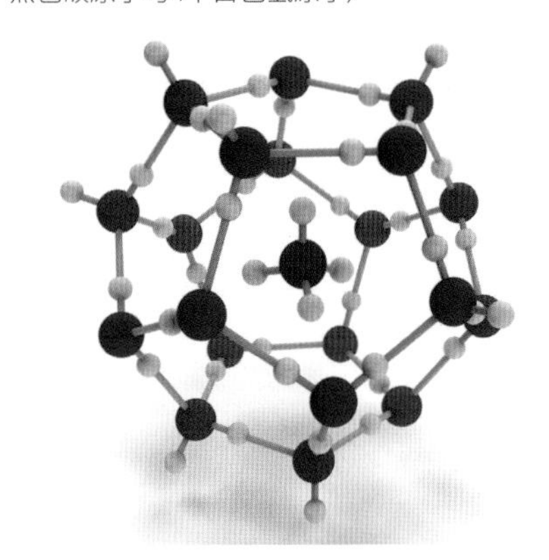

煤层甲烷

植物在演变成煤炭的过程中产生甲烷，甲烷钻入煤炭细小的孔隙里后被封存，形成煤层甲烷。即使已经关闭的老煤矿中也可开采出这种能源，据推测日本全国范围内有240亿立方米的储量，相当于天然气的可采储量。

主要持有国/俄罗斯、美国、中国、澳大利亚
储藏环境/煤炭层
原始储量/2.5×10^{14}立方米
所属类别/非常规天然气能源

右图是煤炭在电子显微镜下的状态，从图中可以看出煤炭表面有非常微小的孔隙

现在我们知道！

非常规资源的投产应用关键在于技术革新

在忧心石油会枯竭的现代，非常规能源的出现简直就像救世主一样。在海底深处、永冻层中、地表深处的岩层中储藏的非常规能源储量，远超已知能源储量的总和。那么，人类是从什么时候开始发现它们的存在呢？

管道出问题，发现可燃冰

就甲烷水合物来说，虽然它早在 19 世纪就被发现了，但是没有人认为它是自然界自主生成的。这个谜底直到20世纪30年代才被揭开。当时，在西伯利亚的天然气管道内部发现了像冰一样的物质，时不时地阻塞管道。大家都不知道这种物质到底是什么，也不知道它究竟从何而来。

为了避免事故发生，有关人员对此展开了调查，由此才弄明白这种物质原来是甲烷水合物，形成条件是极端的高压和低温。

只要满足了一定条件，自然界自身就能生成甲烷水合物。科学家们自从发现了这个事实后，就开始在世界范围内调查研究，70 年代以后又陆续在世界各地发现了甲烷水合物。

然而，在那之后将近半个世纪的时间里，甲烷水合物一直未能实现投产应用。这也是非常规能源的通病。甲烷水合物的储藏环境非常特殊，不能用传统手段开采出来，这就直接导致了生产成本高，如此开采能源十分不合算。事实上，近年来日本在进行生产实验时采用了“减压法”[注1]技术，但是在开采过程中，地层中的砂石因压力差流进了管道。这一事故直接导致试验叫停，原本预备在 2023 年后开始由非官方人员主导商业项目，按照目前的情况来看，基本上是不可能了。

不过，并不是所有非常规能源都是画饼。美国国内在 2005 年前后就掀起了一阵非常规天然气开发热潮，又称“页岩气革命”。

“页岩气革命”带来了什么

点燃“页岩气革命”的那把火是“水力压裂”开采技术。如前文所说，天然气和石油来源于远古时期的浮游生物遗骸，在富含有机质的烃源岩中生成并不断移动，最终储藏在周围的砂岩等多孔介质储集岩中。传统的开采方法是将钻井打到储集岩层中，将燃料抽取上来。“水

油砂

受地壳运动的影响，地层中的石油向地表附近移动。在这个过程中，它与地下水接触，又在细菌的分解作用下，失去轻组分，只留下高黏度的重质油（沥青）。油砂就是含有重质油的砂岩。

主要持有国/加拿大、委内瑞拉　**储藏环境**/砂岩层
原始储量/2.12×10^{12}桶　**所属类别**/非常规石油能源

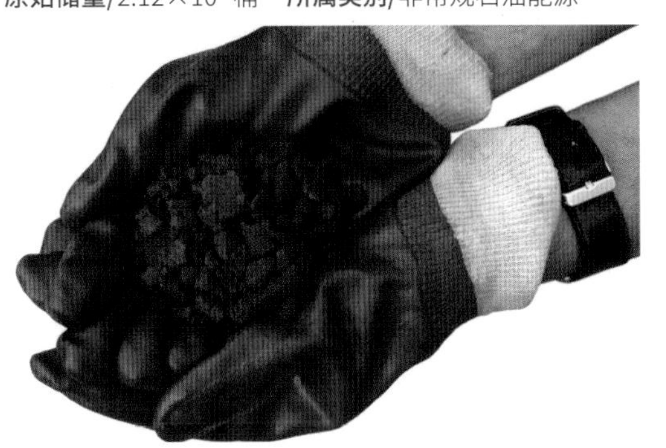

这是油砂，需要通过高温水蒸气等方式将沥青分离出来后再加工处理，才能使用

这是沥青，在室温中能勉强维持液态，在10摄氏度以下就会像橡胶一样变硬

页岩气

常规的天然气储藏在表面纹理粗粝的砂岩层中，而在表面纹理细腻、气体难以通过的页岩层中，也储藏着一种天然气，因此人们将它命名为页岩气。日本新潟县的高田平原中就储藏着页岩气。

主要持有国/美国、中国、阿根廷
储藏环境/地下2000～3000米深处的页岩层
可采储量/2.067×10^{14}立方米
所属类别/非常规天然气能源

右图是美国北达科他州的一个页岩气开采区，美国已经掀起了一股页岩气开采热潮，预计到2035年页岩气开采量将占天然气总量的一半

油页岩

页岩中的干酪根有机质经过漫长岁月的深成形成石油和天然气，而当干酪根深成不完全、不能生成石油和天然气时，页岩就成了油页岩，因此也可以说油页岩是一种未成熟的原油。在无氧状态下，经过450～500摄氏度的高温曝晒，就能提取出页岩油。

主要持有国/美国、俄罗斯、巴西
储藏环境/页岩层
原始储量/3.13×10^{12}桶
所属类别/非常规石油资源

下图是燃烧的油页岩，它外表形似煤炭，名字与页岩气相似，但它们是不同的能源

力压裂法”则不同，它探入更深层，即烃源岩所在的页岩层，再通过高压注水的方法打碎页岩。这样，天然气（页岩气）就会从裂开的页岩中逸出来。

可以说，这个技术是革命性的。根据相关数据推测，常规天然气的储量大概还可供人类使用 60 年，而通过这项技术开采到的能源可供人类再使用 250 多年。也因此，美国超越了俄罗斯，成为世界上最大的天然气产出国。对于那些还未能实现非常规能源商业开采的国家来说，美国的“页岩气革命”既令人艳羡，又给人信心和热情。

不过，“页岩气革命”同时也昭示了非常规能源开发可能带来的风险。调查结果显示，在美国页岩气开采区域附近，井水中甲烷的含量是正常井水中的 17 倍。因为事实上，开采上来的天然气并不能被完全收集起来，总是会有一部分泄漏出去。天然气的主要成分是甲烷，它在造成温室效应上的作用是二氧化碳的 21 ～ 72 倍。因此有人指出，开采页岩气很有可能会加速全球变暖。

未知能源的开发与未知的环境破坏风险是一体两面的存在。迄今为止，地球已经走过了 46 亿年的壮美旅程，地球上众多的能源就是它一路走来的结晶之一。人类在享用这些结晶的同时，也必须要担负起把控地球未来走向的责任。

科学笔记

【减压法】 第82页 注1

甲烷水合物在低温高压的环境下是固体状态，当温度升高或压力降低时会分解成甲烷和水分。利用这一特性，开发出了“减压法”开采技术。首先，海上的勘探船将钻井打至甲烷水合物所在的岩层，同时通过向钻井中注入海水来防止温度或压力发生变化。钻井到达甲烷水合物所在岩层后，就将海水抽取出来。这样，钻井中的压力会下降，甲烷水合物分解后释放的甲烷就可以被开采出来。

杰出人物

实业家
乔治·费迪亚斯·米切尔
(1919—2013)

发明开采新技术的“页岩气革命”之父

乔治·费迪亚斯·米切尔是一名美国实业家，他发明的水力压裂技术点燃了“页岩气革命”。为了实现从页岩中开采出天然气这个谁都不看好的理想，乔治在 60 岁后投身该产业，甚至一度落得一文不名。因此，他也被称为“疯狂大叔”。他花了整整 6 年时间，终于发明出水力压裂技术。他目睹“页岩气革命”的到来，然后安然离世。

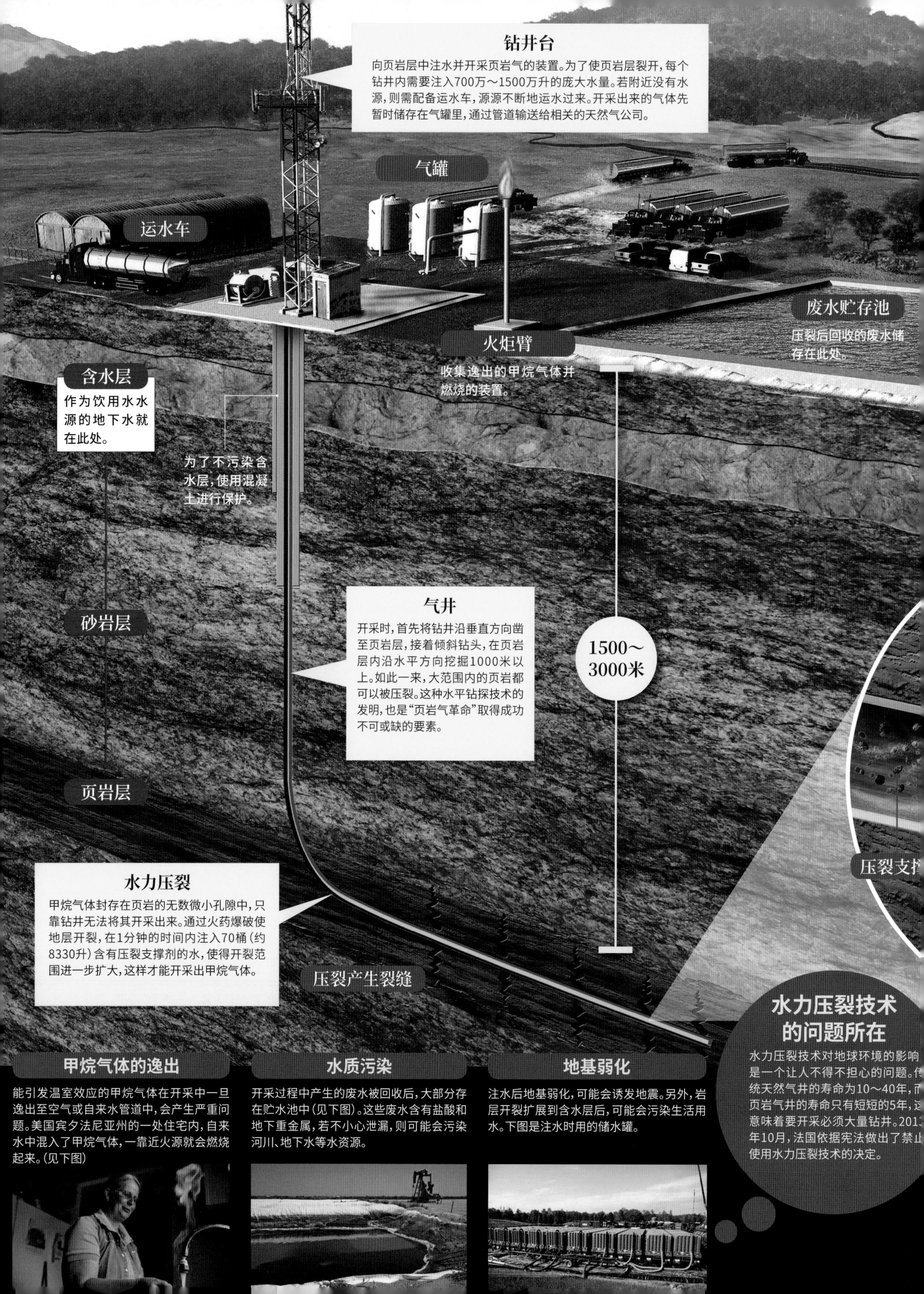

钻井台
向页岩层中注水并开采页岩气的装置。为了使页岩层裂开，每个钻井内需要注入700万～1500万升的庞大水量。若附近没有水源，则需配备运水车，源源不断地运水过来。开采出来的气体先暂时储存在气罐里，通过管道输送给相关的天然气公司。
气罐
运水车
废水贮存池
压裂后回收的废水储存在此处。
火炬臂
收集逸出的甲烷气体并燃烧的装置。
含水层
作为饮用水水源的地下水就在此处。
为了不污染含水层，使用混凝土进行保护。
砂岩层
气井
开采时，首先将钻井沿垂直方向凿至页岩层，接着倾斜钻头，在页岩层内沿水平方向挖掘1000米以上。如此一来，大范围内的页岩都可以被压裂。这种水平钻探技术的发明，也是“页岩气革命”取得成功不可或缺的要素。
1500～3000米
页岩层
水力压裂
甲烷气体封存在页岩的无数微小孔隙中，只靠钻井无法将其开采出来。通过火药爆破使地层开裂，在1分钟的时间内注入70桶（约8330升）含有压裂支撑剂的水，使得开裂范围进一步扩大，这样才能开采出甲烷气体。
压裂产生裂缝
压裂支撑
水力压裂技术的问题所在
水力压裂技术对地球环境的影响是一个让人不得不担心的问题。传统天然气井的寿命为10～40年，而页岩气井的寿命只有短短的5年，这意味着要开采必须大量钻井。201
年10月，法国依据宪法做出了禁止使用水力压裂技术的决定。
甲烷气体的逸出
能引发温室效应的甲烷气体在开采中一旦逸出至空气或自来水管道中，会产生严重问题。美国宾夕法尼亚州的一处住宅内，自来水中混入了甲烷气体，一靠近火源就会燃烧起来。（见下图）
水质污染
开采过程中产生的废水被回收后，大部分存在贮水池中（见下图）。这些废水含有盐酸和地下重金属，若不小心泄漏，则可能会污染河川、地下水等水资源。
地基弱化
注水后地基弱化，可能会诱发地震。另外，岩层开裂扩展到含水层后，可能会污染生活用水。下图是注水时用的储水罐。

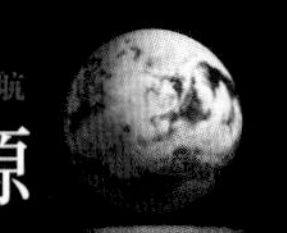

原理揭秘

水力压裂技术的原理

“页岩气革命”使美国摇身一变，成为世界上最大的天然气产出国。这股革命的浪潮也影响到了包括中国、澳大利亚、印度等拥有大量页岩层的国家，被认为是21世纪最大的能源革命。可以预见，在不久的将来，世界各国都将会导入水力压裂技术。水力压裂技术需要将大量的水分注入地层中，它会给地球环境带来怎样的影响呢？在此，我们整理了关于该技术的概况、现状以及存在的问题。

开启技术之门的钥匙——压裂支撑剂

压裂页岩的水中含有约9%浓度的压裂支撑剂。它是一种化合物，成分复杂，包含摩擦减缓剂、凝胶剂等比较安全的物质，以及盐酸、抑菌剂等对环境有害的化学物质。

水分渗入页岩中

甲烷气体

页岩层压裂的步骤

想要使页岩层开裂，需进行火药穿孔和注水两道工序。

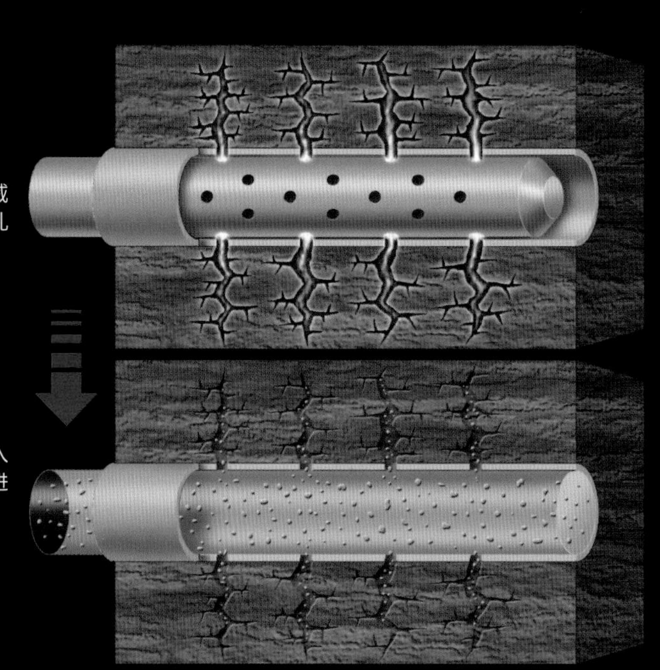

❶火药穿孔

钻井完成后，利用火药的爆破威力，插入能在地层中打孔的穿孔器，页岩层发生第一次开裂。

❷注水

将穿孔管从钻井中撤出后，注入大量的水，初步开裂的页岩层进一步扩大开裂范围。

❸气体逸出

因为地层深处的压力非常巨大，通常情况下，岩层即使开裂也会马上闭合。渗入岩壁的压裂支撑剂能够起到支撑杆的作用，帮助维持开裂状态，使甲烷气体能够自然地逸出。

可再生能源

未来的能源就在我们身边?!

化石燃料一直为人类的生产和生活保驾护航，但它们是有限的，总有一天会枯竭。下一代的能源应该是什么样的呢？人类将热切的目光转向随处可见、不会枯竭、绿色环保的新能源！

无穷无尽的大自然的馈赠支持着人类的发展

现在支持着我们人类生活的石油、煤炭、天然气、铀矿等能源，都是地球诞生之后，在漫长的岁月中通过自身内部作用积蓄下来的能源。不管是常规能源，还是非常规能源，都是地球的“存款”，总有一天它们会枯竭。这是大自然颠扑不破的真理。人类想要长长久久、永无穷尽地使用这些能源，是不现实的。因此，近些年大家越来越多地将目光投向挑起重担的“能源二代”。它们就是可再生能源。

顾名思义，可再生能源是能够通过自然活动源源不断生成的能源。日本的法律法规是这样界定它们的：“可以永久地被当作能源利用的物质。”即以太阳能为首，包括风力、水力、地热等在内的永不枯竭的能源。太阳光、风、水等，就在我们的身边。古往今来，我们一直深深受益于这些大自然的馈赠。而今，除了传统的用途，它们还有了“能源”这个新身份，我们将从一个全新视角去探索对它们的利用之道。

风力发电

与太阳能发电不同的是，风力发电只要有风，在夜间也可以发电，这是它的优势。但是同时，噪声问题以及与周边环境的协调是它必须要解决的问题。

英国柴郡的太阳能发电园区

太阳能可以说是可再生能源中非常活跃的选手了。世界各地正热火朝天地建设能够输出 1000 千瓦以上电量的百万瓦级太阳能发电站。这种发电站又被称为“太阳能园区”或“太阳能农场”。为了不浪费任何一点儿太阳光，发电站的地面上铺设了密密麻麻的太阳能电池板。一个百万瓦级太阳能发电站能够为 300 户普通家庭提供 1 年的用电量。

水力发电

水坝拦截水流发电的技术已经高度成熟，接下来是如何将中小规模的河流、农业用水等利用起来，扩大水力发电的范围。

地热发电

地球本身就像一个巨大的锅炉，从地下抽取出的蒸气直接带动涡轮机进行发电，这就是地热发电。

各种各样的可再生能源

可再生能源是指利用太阳、地球的自然活动获取能量的能源。只要地球环境不发生巨大改变，它们就可以被无限利用下去。

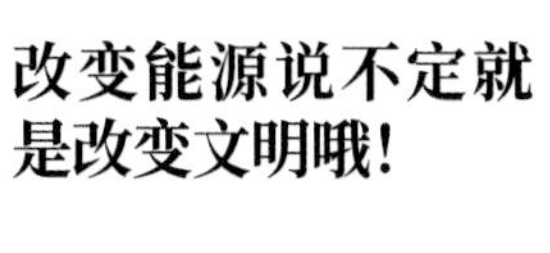

地球上随处可见的丰富的自然能源

可再生能源将太阳、地球活动产生的种种自然现象当作能量的来源，具有“无穷无尽”这个特点，与化石燃料有着本质上的区别。另一个区别于化石燃料的特点是“地产地消”。

水力
利用水在流动过程中产生的势能或动能来发电。最近中小规模的水力发电模式备受期待。
地热
地球内部生成、蓄积的热能。一般利用靠近地表的地热能源来发电，或者建成温泉、温室，也可用在农业上。
风力能
空气对流产生风，带动风车旋转。风的动能转变成轮叶的旋转动能，进而转变成电能。
生物质
指的是除了化石燃料的原材料外，包括木材、海藻、厨余垃圾、纸、动物尸体、排泄物在内的生物资源。可以直接燃烧，也可以先把它们转化成沼气。
其他热能
温差热利用：利用大气与河流、海水间的温度差。冰雪热利用：将积雪作为冷热源。
太阳能
光照产生的能量既可以用在太阳能热水器上，又可以用来发电，直接将光能转化成电能。前者利用的是热能，后者利用的是光能。

现在我们知道！

克服诸多问题 实现可再生能源的未来

对可再生能源的定义因国家和视角的不同而有差异。日本的法律规定，有太阳光能、风力、水力、地热、太阳热能、大气热能以及其他存在于自然界中的热能、生物质（由动植物演变而来的有机质），共 7 大类。与化石燃料不同，每种可再生能源的来源都不是化石，具有不会枯竭、随处可得、无二氧化碳排放（新增）的优势。发展中国家正不断发展经济，在此背景下世界范围内的能源需求量有了极大的提高。目前，日本的能源消耗量中化石燃料占了 80% 以上，并且截至 2012 年，能源自给率仅达到6%左右。因此，如何利用好“随处可得”的可再生能源，对于资源匮乏的日本来说是当务之急。

7 种可再生能源的真面目

要说可再生能源中的优等生，当属同时具有光和热这两大能量的太阳能了。尤其是太阳的寿命还有 50 多亿年，在目前这个时间点，我们根本不用去操心它会枯竭。

风力也是可再生能源中的代表选手。其原理非常简单：风吹动风车叶片形成动能，动能转化成电能，而且风力发电的成本比太阳能发电还要低。因此，有越来越多的国家加大了建设风力发电的力度。

日本是火山活动多发的国家，地下蕴藏着庞大的地热，将其以蒸汽、热水等形式抽取出来，带动涡轮机旋转发电，这就是地热发电。说到对热能的利用，还有利用冰、雪冷热能的“冰雪热利用”，利用海水、河水与大气温度差的“温差热利用”。这些

文明与地球　达·芬奇和太阳光

万能天才的先见之明

文艺复兴时期活跃在意大利的列奥纳多·达·芬奇是一位举世闻名的画家，同时在科学、工程学、解剖学等领域也展现出卓越的才能。他留下的手稿上记载了许多如何利用太阳能的资料，晚年更是尝试进行了利用凹面镜收集太阳光的实验。可以说，这是当代聚光型太阳能集热器的鼻祖。

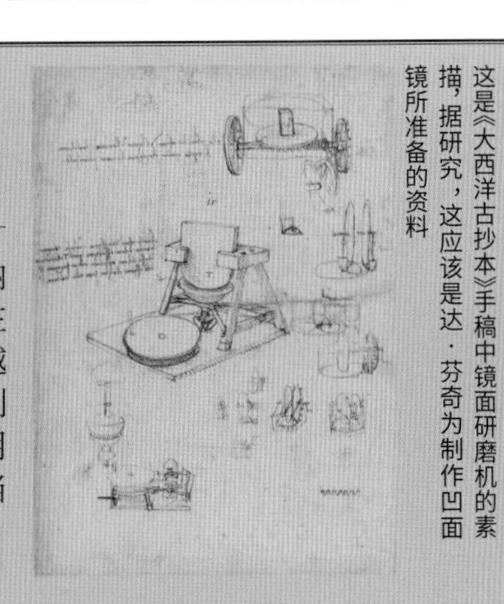

这是《大西洋古抄本》手稿中镜面研磨机的素描，据研究，这应该是达·芬奇为制作凹面镜所准备的资料

可再生能源的装机容量排行榜

左图是根据美国国家可再生能源实验室的调查结果所作的2012年6种可再生能源的高装机容量国家分布图。这些国家可以说是可再生能源领域的领头羊。只是，设备有没有全部投入生产、获得的能源有没有被高效利用，是需要另外讨论的问题。

	水力发电	太阳光能发电	太阳热能发电	地热发电	风力发电	生物质发电
①	中国	德国	西班牙	美国	中国	美国
②	巴西	意大利	美国	菲律宾	美国	巴西
③	美国	美国	阿尔及利亚	印度尼西亚	德国	中国
④	加拿大	中国	埃及	墨西哥	西班牙	德国
⑤	俄罗斯	日本	摩洛哥	意大利	印度	瑞典

都是各地根据实际情况，就地取材加以活用的形式，相信会有美好的发展前景。

以前作为废弃物被处理掉的家畜排泄物、稻草、林地废料等生物资源也可以通过处理转化成电能或者燃料，这就是生物质。另外，以前的水力发电都是建造大型水坝拦截水流，今后将会更多地利用溪水、农业用水、自来水、污水、工厂内排水，使“小水力发电”成为主流。

我们的目标是巧用自然

只要地球还存在，可再生能源就不会有枯竭的一天，它也不会排放出二氧化碳。绿色环保，这是可再生能源的优势。不过，太阳只在白天升起来，风也不是一直在吹，我们依赖的能源说穿了就是靠天吃饭。因此，我们需要发明能稳定发电、蓄电的技术和设备，完善法律法规，创建一套能高效分配能源的制度。如何保障可再生能源稳定地为人类提供能量，目前还存在着众多亟待解决的问题。

虽然还有很多问题，但是不可否认，随处可得、不会枯竭的可再生能源，作为未来的能源来看有着巨大的魅力。事实上，目前世界各国都在热火朝天地开发着这些能源。在消费主体附近设置小型发电所，仅供应特定区域的电力运转，这种“地产地消”的模式正在进行试点。

不管怎样，化石燃料在未来100年左右就会枯竭。面临这个危机的人类现在只能将目光转向身边的自然资源，将其转变成能源以支持生产和生活，这或许是真正意义上的“与自然共存”。

近距直击

利用太阳光发电的胡蜂

东方胡蜂栖息在地中海沿岸、马达加斯加、印度等地区。最近的研究表明，这种胡蜂体表褐色部分的构成组织能够捕捉太阳光，黄色部分的构成组织中含有黄色素，可以将太阳光转化成能源。换言之，它可以用太阳光来发电。不过，发电率仅有0.335%，非常小。它生存所需的能量大部分还是从食物中获得。

东方胡蜂生成的电能到底有何妙用，至今仍是个未解之谜

日本2004—2013年度不同发电方式的发电量在总发电量中的构成比

右图统计了10家电力公司。从这张表中我们可以看出，除水力外，日本利用可再生能源发电的比例很低，主要依赖化石燃料。

■原子能 ■煤炭 ■天然气
■石油等 ■水力
■水力外的可再生能源

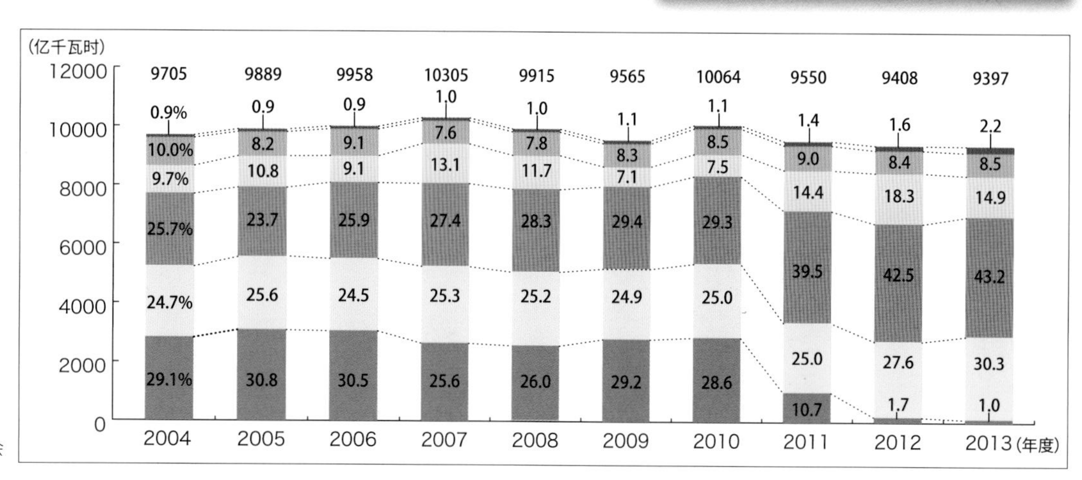

出处：日本电气事业联合会

产油微藻

| *Oil-Producing Micro Algae* |

将藻类转化成燃料的原理

下面是从微细藻类中提取出油的流程示意图。将大量繁殖的微细藻类脱水、干燥后，提取出它们体内蓄积的油，然后根据用途进行精制和再加工。

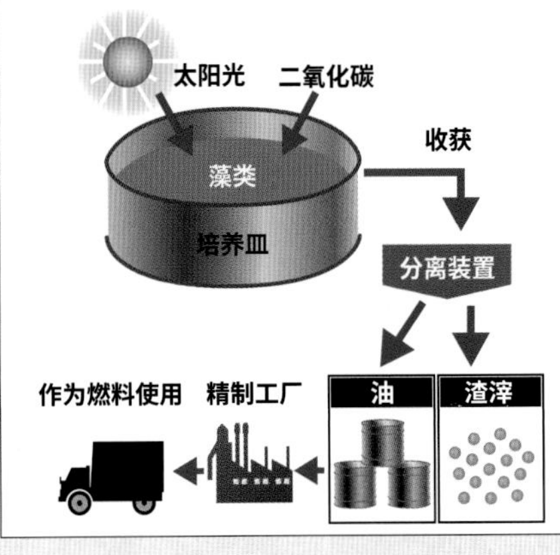

绿色的油

产油微藻是指能通过光合作用在细胞内生成微细藻类。这里所说的“油”包括植物方面油三酯和石油方面的烃，烃是化石燃料的主分。产油藻类不仅可替代化石燃料，同时还着解决地球变暖问题的重要任务。

※ 下文所说的含油率，是指干燥情况下油的含量占藻量的比率。

【破囊壶菌】

| *Aurantiochytrium* |

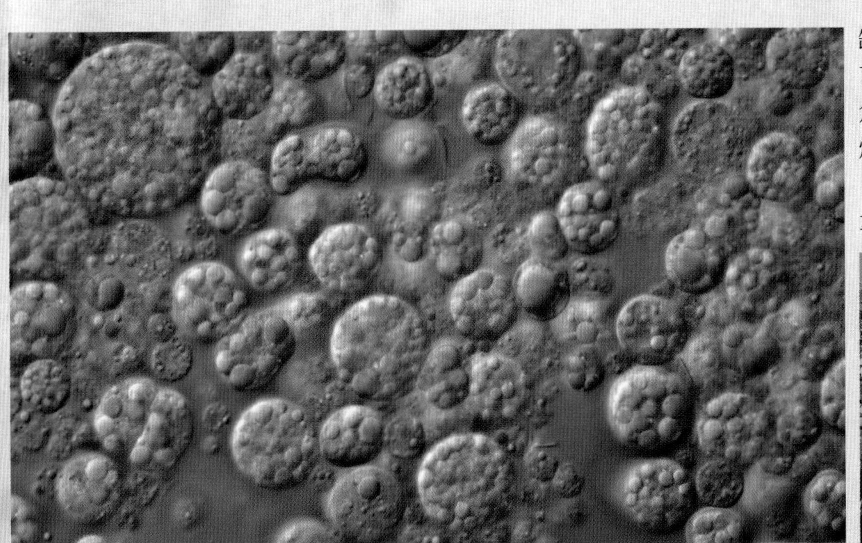

缺乏光合作用必需的叶绿体，必须通过吸收周围的有机质育生长。即使没有光，它也可以生成以烃为主要成分、富角鲨烯的油。角鲨烯是制作塑料的原材料，也可以制成生燃料。近年来许多国家和组织进行大量培植破囊壶菌的试验日本筑波大学的研究小组证明，破囊壶菌干燥后，角鲨烯量在 20% 以上（是其他已知产油微藻种类的数百倍）。

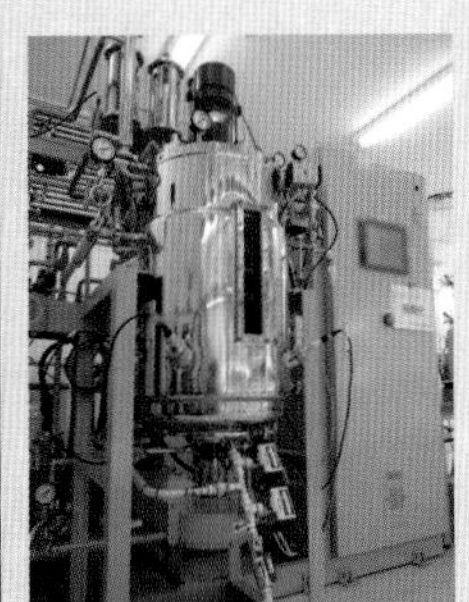

数据	
类别	网粘菌纲
栖息环境	温带至热带的海陆交汇区、海水区
细胞大小	直径5～20微米
含油率	50%～77%

左图是日本筑波大学的“藻类生物质能系统开发实验示范点”中培养破囊壶菌的装置

新闻聚焦

以裸藻为燃料的公交车开始运行

从 2014 年 7 月开始，以裸藻为燃料的公交车在日本神奈川县藤泽市街头运行。这是五十铃汽车与悠绿那生物技术公司共同开发研究的项目。燃料的名字是“DeuSEL ®”，各取“diesel（柴油）”与“Euglena（裸藻）”的一部分创造出的词。公交车的运行虽然是为了检验燃料性能展开的实验，但实际上，它定期往返于五十铃汽车的藤泽工厂和离工厂最近的公交站点之间。

悠绿那除了开发生物柴油，也开发生物航空燃料

【裸藻（绿虫藻）】

| *Euglena* |

裸藻在日本有一个更通俗的名字，叫“绿虫藻”。它是一种淡水真核生物，含有蜡酯等油脂类。蜡酯经加工可转变成轻质油类，非常适合用作航空燃料，因此近年来有很多国家和机构正在加紧将其投产应用。也有国家将提取出来的油当作公交车燃料，并进行了试运行。

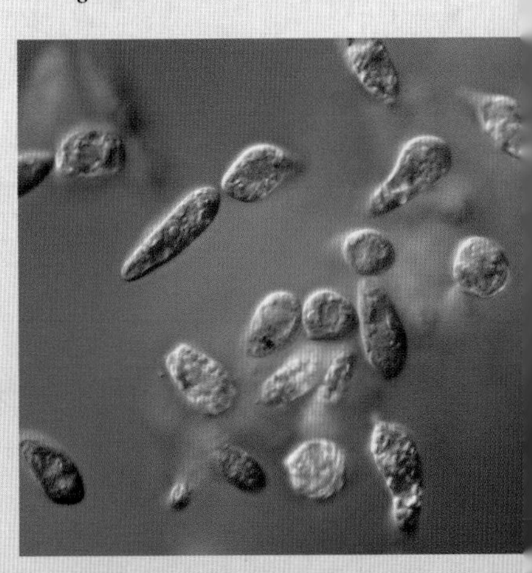

数据			
类别	裸藻纲	细胞大小	体长约50微米
栖息环境	世界各地的淡水区	含油率	18%～33%

【葡萄藻】

| *Botryococcus* |

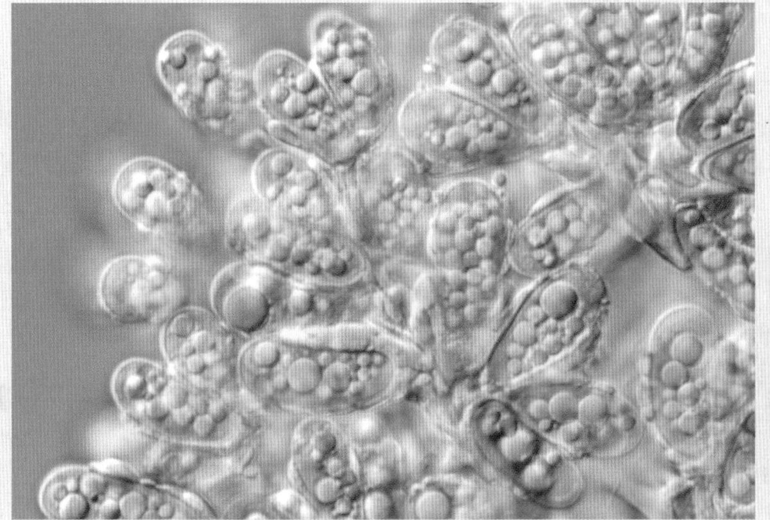

与破囊壶菌相同，它也能生成以烃为主要成分的油。众多葡萄藻细胞聚集在一起，形成大小为30～500微米的葡萄串状生物群体。大部分产油微藻的油都储藏在细胞内，而葡萄藻在细胞外也能分泌油，再蓄积在群体内。这种藻繁殖所需的时间较长，但是年均每公顷能产出120吨油，具有巨大的开发潜能。因此，许多国家和组织加快了将其投产应用的脚步，期待挖掘出它作为“生产石油的藻类”的价值。

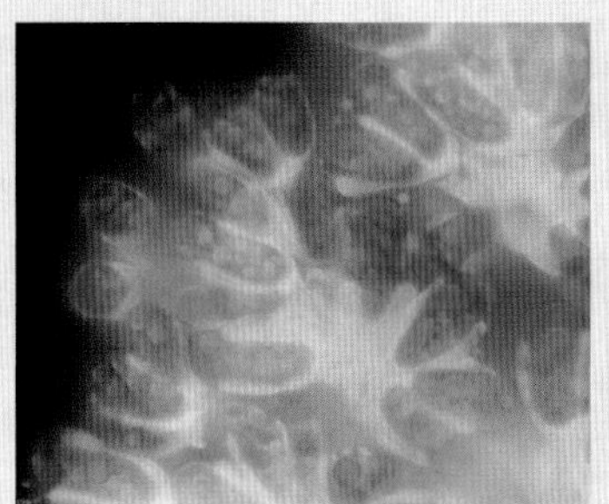

左图是滴入亲油性色素尼罗红后，葡萄藻细胞在荧光显微镜下的形态，其中黄色部分就是油

数据	
类别	共球藻纲
栖息环境	世界各地的淡水区
细胞大小	短直径5～14微米，长直径8～20微米
含油率	25%～75%

【链带藻】

| *Desmodesmus* |

链带藻会进行特定次数的细胞分裂，细胞按照4、8、16的等比数列形式排在一起，因此得名。链带藻的产油量不高，但是有些种类适应环境的能力非常强，不管是在超过40摄氏度的热水中，还是在寒冬的冰水中，能在1天内繁殖出2倍左右的数量。

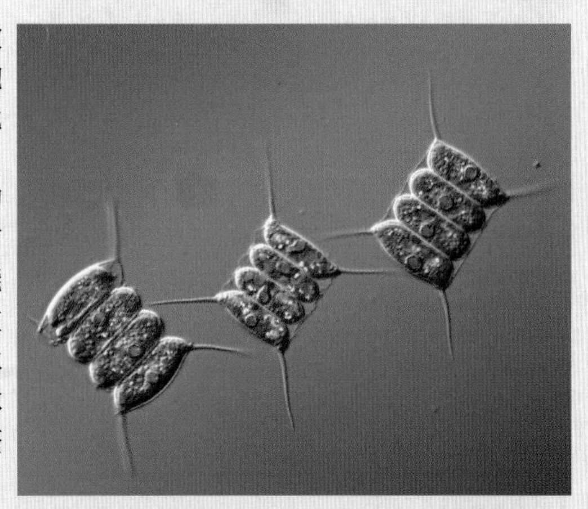

数据			
类别	绿藻纲	细胞大小	短直径2～10微米，长直径5～39微米
栖息环境	世界各地的淡水区	含油率	19%～40%

【微细绿藻】

| *Pseudochoricystis* |

微细绿藻为椭圆形，或者稍微弯曲的椭圆形。在被细胞壁包住的每个细胞内，有细胞核和叶绿体各1个。当周围的氮元素不足时，细胞内的油就会增加。近年来，科学界正致力于通过育种增加微细绿藻储油量的研究。

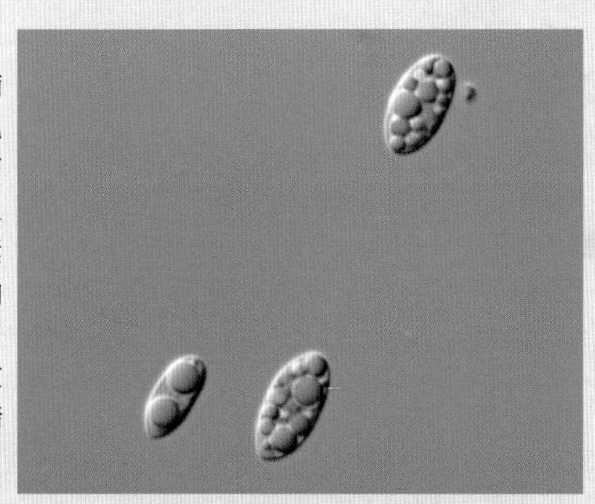

数据			
类别	共球藻纲	细胞大小	短直径约3微米，长直径约5微米
栖息环境	世界各地的池塘、温泉	含油率	30%～60%

近距直击

藻类作为能源的潜力大得惊人！

与主要产油植物相比，微细藻类的潜能明显要大得多。比较单位面积的年均产油量，可以发现油棕榈可产635加仑，而最厉害的产油藻能产10倍以上。并且与陆地上的植物不同，它们全年都可收获，不需要优质耕田，作为能源来看，优势很多。

植物类与藻类产油量的比较

植物	产油量（加仑/每年每英亩）
大豆	48
山茶	62
向日葵	102
麻风树属（*）	202
油棕榈	635
藻类	1000～6500

“藻类”包括从微细藻类到大型藻类的各种藻，因此产油量是个区间值。

（*）麻风树属是原产于中南美洲的矮木，富含油脂，含有剧毒。

※ 以上数据来源于美国能源部2010年《国家藻类生物燃料技术路线图》。

【微拟球藻】

| *Nannochloropsis* |

微拟球藻是一种边进行光合作用边在海中漂荡的浮游植物，多用作鱼苗的食物，也被叫作“海产小球藻”。它所产的油不仅适合用作生物柴油，还富含油酸、亚油酸、二十碳五烯酸等不饱和酸脂肪，备受市场关注。

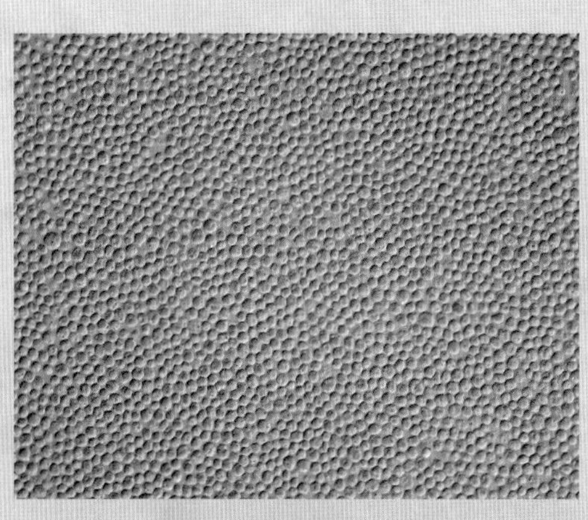

数据			
类别	真眼点藻纲	细胞大小	直径2～4微米
栖息环境	世界各地的海水区	含油率	31%～68%

冰雪孕育出的“生之源”

知床

位于日本北海道，2005年被列入《世界遗产名录》。

鄂霍茨克海是北半球上纬度最低的漂浮着流冰的海域。海上有一个突出的半岛，就是知床。岛上有一条庞大的食物链，最底端的是附着在流冰上的浮游植物，然后向上依次是浮游动物、鱼类、鸟类、哺乳类，串联起海洋、湖泊和陆地。从很小的微生物，到重达400千克的棕熊，这里可以看见海陆连结为一体的生态系统，是地球上非常珍贵的一处地方。

流冰是这样形成的

西伯利亚阿穆尔河的淡水大量注入鄂霍茨克海，海面下50米以内的海水盐度因此降低，比50米更深处的海水盐度相对较高，也就是说，这片海分成了两层。在冬天冷空气的作用下，只有盐度低的部分产生对流，水温急剧降低。这样，流冰就在短时间内形成了。

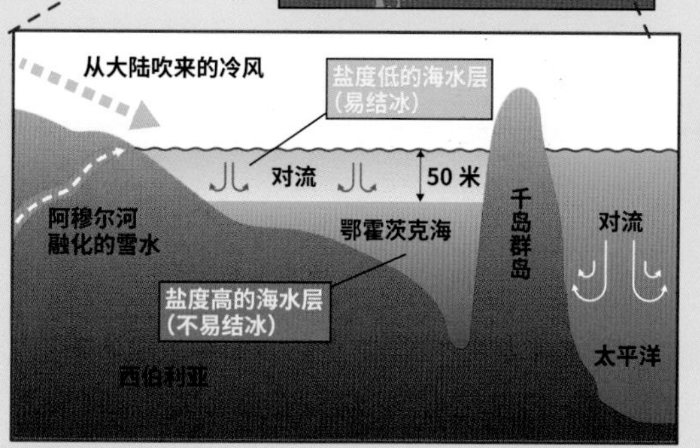

**冬天从鄂霍茨克海南下
涌向知床的流冰**

鄂霍茨克海不深，再加上被勘察加半岛、千岛群岛、北海道包围，与其他海域少有对流。从西伯利亚而来的淡水注入海中，导致海水盐度降低并结冰。虽然每年的具体情况不同，但是流冰一般在 1 月至 3 月期间到达知床。

不明飞行物

外星人真的来过地球吗

是什么时候开始，我们认为不明飞行物是外星人来到地球时乘坐的交通工具呢？有无数人说自己曾目睹过不明飞行物，但真相如何，依旧迷雾重重。不明飞行物到底意味着什么呢？今后又会有怎样的发展呢？

法国国家空间研究中心是发达国家中唯一的不明飞行物官方研究机构。法国人民将自己目睹不明飞行物的信息、影像寄送至该机构，由相关人员展开调查。2007年，该机构还开通了专门的门户网站。

根据他们的研究，大部分所谓的不明飞行物是流星等天文现象、等离子发光现象，或者干脆就是人们看岔了。不过，其中有20%的线报至今没有找到准确原因。换句话说，那些有可能真的是不明飞行物，也有可能是其他的什么东西。

即使用现代科学技术也不能解开不明飞行物的谜题，究其根本，它到底是什么时候开始出现的呢？

现代不明飞行物史始于阿诺德事件

“当时我正驾驶私人飞机在美国华盛顿州的莱尼尔峰附近飞行，看到了9个闪闪发光的物体连在一起，以非常快的速度飞过。”以上是美国实业家肯尼斯·阿诺德所说的话。他说这话的时间是第二次世界大战结束后的第二年，1947年6月24日过午时分。“它们简直就像从水面飞跃而过的碟子”，向南边山峰飞去了。这也是“飞碟”一词的来源。

阿诺德本人的社会信用非常良好，他的发言被大家普遍相信，并争相报道转发。从此之后，现代不明飞行物史正式拉开帷幕。4天后，美国阿拉巴马州的一个美军飞行员发表自己遭遇不明飞行物的言论。接着，又有更多人相继表示自己见到了不明飞行物，情报数量竟有数百条之多。

这其中，成为热点新闻的是罗斯威尔事件。该事件发生在1947年7月8日，阿诺德事件两周后，有圆盘形物体从空中坠落至美国罗斯威尔市的农场上，在当时造成极大的轰动。美军宣称散落在农场各处的金属等物件是“在空中飞行的圆盘的残片”。不久后，他们又修改了说辞，说那些是“气球残骸”。但是世人的骚动已经无法抑制，甚至流出了部分据说是坐在坠落飞行器里的外星人的照片。

时至今日，阿诺德事件之谜依旧未被解开，不过罗斯威尔事件的“真相”在1994年至1995年以及1997年由美国空军揭开。他们称坠落的物体其实是美国用来监视苏联核试验的特殊气球，那些残骸是雷达反射板等物体，而所谓的外星人尸体，是进行气球实验用的人偶。当时正值美苏冷战，很多事情必须保密。

人们见过的不明飞行物外形千奇百怪，作为现代不明飞行物史开山鼻祖的阿诺德见到的是右图中的L4（上数第6行，右数第3个）

左图是人们想象中光临地球的不明飞行物，不明飞行物又叫UFO，是英语“Unidentified Flying Object”的缩写，自从1947年阿诺德事件发生后，特指外星人乘坐的飞行工具

上图是1957年10月16日，美国新墨西哥州空军基地附近的天空中飞行的不明物体，它有可能是不明飞行物，也有可能是某种军事机密工具，至于到底为何物，至今无解

不过，也有人认为这份报告是美国政府隐瞒真相的烟雾弹。另外，在1986年11月17日，发生了对日本人来说很亲切的不明飞行物事件。

当时，日本航空的大型喷气式货运飞机正在阿拉斯加上空飞行。一名日本机长称自己看到了一个巨大的闪闪发光的球形不明飞行物，它还与自己的飞机并排飞行了大约1小时。航空管制中心的雷达也在相同位置探测到了不明飞行物。这个事件被日本各大报纸争相报道，在当时造成极大轰动。但是不知道为什么，不久之后就没有了报道。有言论认为，极有可能是机长误将行星当成了不明飞行物。

罗斯威尔事件的报告发布后又过了15年，一名美国联邦航空局的职员终于透露了“真相”：“如果报道成不明飞行物事件会引发普通市民的恐慌，因此中央情报局下达了封口令。”据说美国总统也默认该封口令，但是真相到底如何，至今谁都不清楚……

从不明飞行物事件中人类能知道些什么？

不明飞行物到底有没有光临地球呢？

从50年代到60年代，有不少人说自己不仅看见了不明飞行物，还和外星人说上了话。好玩的是，众人口中外星人向地球人传达的信息都极其相似，说是“我们是为了守护地球的和平而来”和“地球正面临着重大的危机”。

身为精神科医生，同时也是20世纪最伟大的思想家之一的卡尔·荣格长期研究不明飞行物，晚年曾著《飞碟》一书，书中写道：

“既然有数以千计的目击者说自己看到过不明飞行物，那必然有着其相应的依据。”

虽然直至今日依旧没有什么让人十分信服的依据，但是人类正面临着生死存亡的关键时刻，在此背景下，人们认为看见不明飞行物是看见“上天的启示”。也就是说，不明飞行物与现代人的灵魂有着某种类似宗教信仰的联系。

现在，很多宇宙物理学家认为：在这个广袤的宇宙中，应该存在着未知的生命体。针对不明飞行物的探究，从某种程度上来说，至少是对宇宙形态、物理学法则以及人类到底能前进至宇宙何处的一种思考。

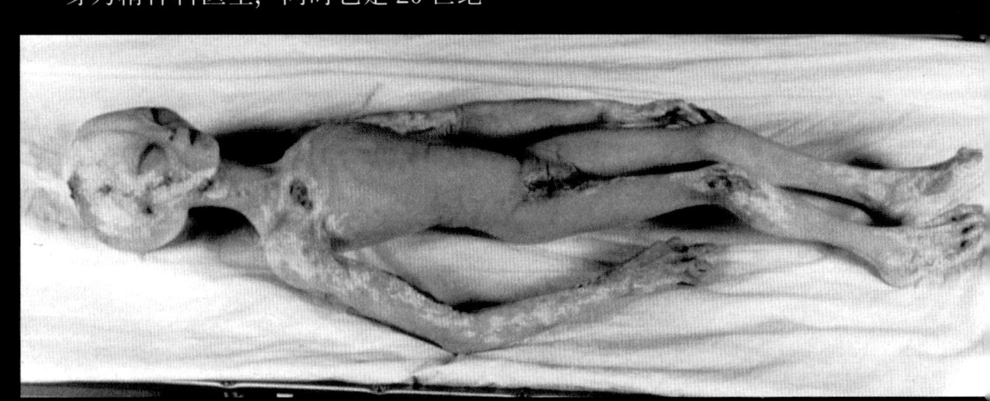

上图是美国罗斯威尔市罗斯威尔不明飞行物博物馆展示的外星人尸体模型，再现了解剖时的场景

Q 汽油、煤油、柴油有什么区别？

A 我们在日常生活中使用的石油燃料大部分是原油精制后的产品。用蒸馏装置和分解装置将原油转化成汽油、煤油、柴油、重油等石油制品。“常压蒸馏法”是将原油加热到350摄氏度后，喷射至钢制的常压蒸馏塔下方。越靠近塔的上方，温度越低，从而能分离出不同沸点的石油制品。石油的精制是将原油按照油的不同性质进行分离（分馏）的步骤，它不能仅仅提取出汽油或煤油等某种特定产品，肯定是一次性将全部种类的油都生产出来。

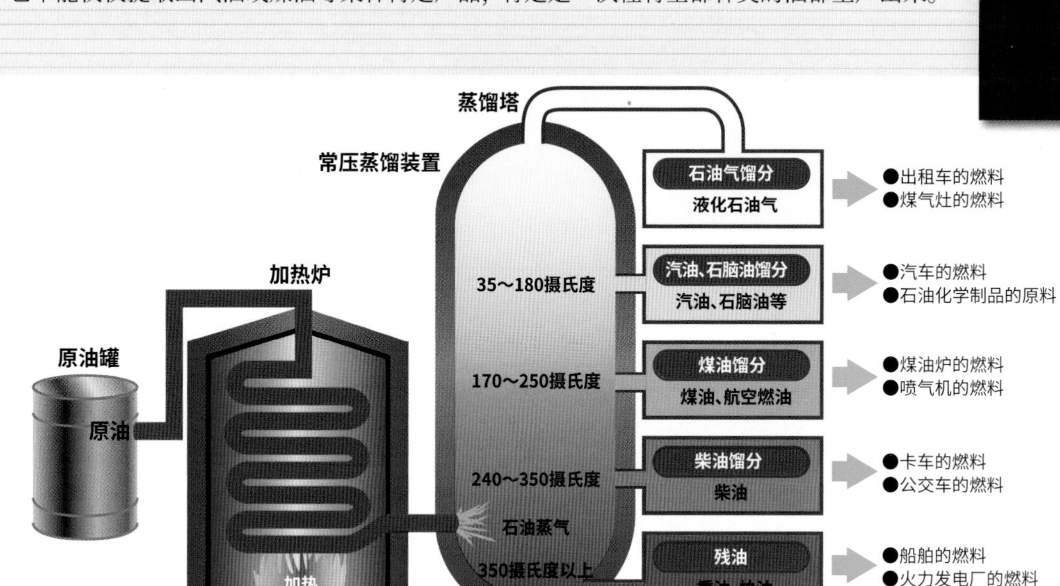

左图是常规常压蒸馏装置的结构图，蒸馏塔内部设有数十条侧线，高度不同，可以分馏出不同沸点的石油制品，比较各石油制品的分子结构，会发现沸点低者碳原子少（汽油类在5到10之间），发热量也低，相反，沸点高者碳原子多（重油在20以上），发热量也大

Q 什么样的地方适合太阳能发电或风力发电？

A “随处可得”是可再生能源的一大特点，然而具体定量时，则各个区域不尽相同。下图是世界日照量和风速分布图。从这张图中，我们可以看到非洲大陆、澳大利亚、中国等地的日照量大，巴塔哥尼亚、摩洛哥、索马里、中国等地的风速大。太阳能和风力可谓可再生能源中的双璧，正因如此，这些地方加大了对太阳能发电和风力发电的投入。

日照量分布图

平面的日照量
175 200 225
瓦特/米²

80米高空的平均风速分布图

80米高空的风速
3 6 9
米/秒

Q 最近常常能听到的太阳能发电共享农业是什么？

A 近年来，可以看到越来越多的田地里一边栽培着农作物，一边铺设着太阳能电池板。因为这些田地既能当耕地又能进行太阳能发电，因此被称为“太阳能发电共享农业”。以前，日本对耕地在农作物栽培外的转用多有限制，从2013年开始才有条件地同意了在田地里设置太阳能发电装置，实施太阳能发电共享农业的田地数量在稳步增长中。随着农作物进口自由化和日本加入跨太平洋伙伴关系协定，农民迎来了新的转机。可以预见，能同时实现农业生产和可再生能源普及的“发电农田”将会越来越多。

太阳能电池板不是直接铺设在地上的，考虑到农作物要有充足的光照，一般将太阳能电池板设在一定的高度上

国内名校校长推荐

这套书一言以蔽之就是“大”：开本大，拿在手里翻阅非常舒适；规模大，有 50 个循序渐进的专题，市面罕见；团队大，由数十位日本专家倾力编写，又有国内专家精心审定；容量大，无论是知识讲解还是图片组配，都呈海量倾注。更重要的是，它展现出的是一种开阔的大格局、大视野，能够打通过去、现在与未来，培养起孩子们对天地万物等量齐观的心胸。

面对这样卷帙浩繁的大型科普读物，读者也许一开始会望而生畏，但是如果打开它，读进去，就会发现它的亲切可爱之处。其中的一个个小版块饶有趣味，像《原理揭秘》对环境与生物形态的细致图解，《世界遗产长廊》展现的地球之美，《地球之谜》为读者留出的思考空间，《长知识！地球史问答》中偏重趣味性的小问答，都缓解了全书讲述漫长地球史的厚重感，增加了亲切的临场感，也能让读者感受到，自己不仅是被动的知识接受者，更可能成为知识的主动探索者。

在 46 亿年的地球史中，人类显得非常渺小，但是人类能够探索、认知到地球的演变历程，这就是超越其他生物的伟大了。

——清华大学附属中学校长

纵观整个人类发展史，科技创新始终是推动一个国家、一个民族不断向前发展的强大力量。中国是具有世界影响力的大国，正处在迈向科技强国的伟大历史征程当中，青少年作为科技创新的有生力量，其科学文化素养直接影响到祖国未来的发展方向，而科普类图书则是向他们传播科学知识、启蒙科学思想的一个重要渠道。

“46 亿年的奇迹：地球简史”丛书作为一套地球百科全书，涵盖了物理、化学、历史、生物等多个方面，图文并茂地讲述了宇宙大爆炸至今的地球演变全过程，通俗易懂，趣味十足，不仅有助于拓展广大青少年的视野，完善他们的思维模式，培养他们浓厚的科研兴趣，还有助于养成他们面对自然时的那颗敬畏之心，对他们的未来发展有积极的引导作用，是一套不可多得的科普通识读物。

——河北衡水中学校长

“46 亿年的奇迹：地球简史”值得推荐给我国的少年儿童广泛阅读。近 20 年来，日本几乎一年出现一位诺贝尔奖获得者，引起世界各国的关注。人们发现，日本极其重视青少年科普教育，引导学生广泛阅读，培养思维习惯，激发兴趣。这是一套由日本科学家倾力编写的地球百科全书，使用了海量珍贵的精美图片，并加入了简明的故事性文字，循序渐进地呈现了地球 46 亿年的演变史。把科学严谨的知识学习植入一个个恰到好处的美妙场景中，是日本高水平科普读物的一大特点，这在这套丛书中体现得尤为鲜明。它能让学生从小对科学产生浓厚的兴趣，并养成探究问题的习惯，也能让青少年对我们赖以生存、生活的地球形成科学的认知。我国目前还没有如此系统性的地球史科普读物，人民文学出版社和上海九久读书人联合引进这套书，并邀请南京古生物博物馆馆长冯伟民先生及其团队审稿，借鉴日本已有的科学成果，是一种值得提倡的“拿来主义”。

——华中师范大学第一附属中学校长

青少年正处于想象力和认知力发展的重要阶段，具有极其旺盛的求知欲，对宇宙星球、自然万物、人类起源等都有一种天生的好奇心。市面上关于这方面的读物虽然很多，但在内容的系统性、完整性和科学性等方面往往做得不够。“46 亿年的奇迹：地球简史”这套丛书图文并茂地详细讲述了宇宙大爆炸至今地球演变的全过程，系统展现了地球 46 亿年波澜壮阔的历史，可以充分满足孩子们强烈的求知欲。这套丛书值得公共图书馆、学校图书馆乃至普通家庭收藏。相信这一套独特的丛书可以对加强科普教育、夯实和提升我国青少年的科学人文素养起到积极作用。

——浙江省镇海中学校长

人类文明发展的历程总是闪耀着科学的光芒。科学，无时无刻不在影响并改变着我们的生活，而科学精神也成为“中国学生发展核心素养”之一。因此，在科学的世界里，满足孩子们强烈的求知欲望，引导他们的好奇心，进而培养他们的思维能力和探究意识，是十分必要的。

摆在大家眼前的是一套关于地球的百科全书。在书中，几十位知名科学家从物理、化学、历史、生物、地质等多个学科出发，向孩子们详细讲述了宇宙大爆炸至今地球 46 亿年波澜壮阔的历史，为孩子们解密科学谜题、介绍专业研究新成果，同时，海量珍贵精美的图片，将知识与美学完美结合。阅读本书，孩子们不仅可以轻松爱上科学，还能激活无穷的想象力。

总之，这是一套通俗易懂、妙趣横生、引人入胜而又让人受益无穷的科普通识读物。

——东北育才学校校长

读“46 亿年的奇迹：地球简史”，知天下古往今来之科学脉络，激我拥抱世界之热情，养我求索之精神，蓄创新未来之智勇，成国家之栋梁。

——南京师范大学附属中学校长

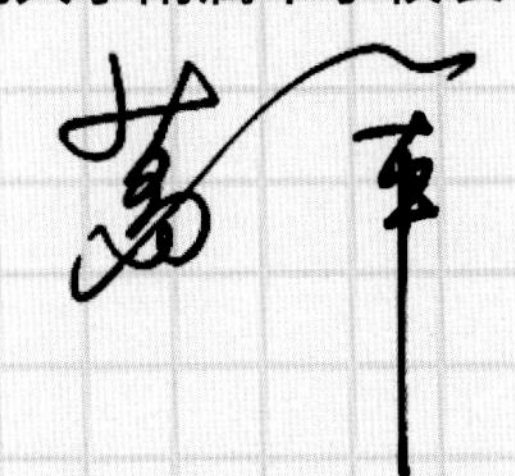

我们从哪里来？我们是谁？我们要到哪里去？遥望宇宙深处，走向星辰大海，聆听 150 个故事，追寻 46 亿年的演变历程。带着好奇心，开始一段不可思议的探索之旅，重新思考人与自然、宇宙的关系，再次体悟人类的渺小与伟大。就像作家特德·姜所言：“我所有的欲望和沉思，都是这个宇宙缓缓呼出的气流。”

——成都七中校长

易国栋

看到这套丛书的高清照片时，我内心激动不已，思绪倏然回到了小学课堂。那时老师一手拿着篮球，一手举着排球，比画着地球和月球的运转规律。当时的我费力地想象神秘的宇宙，思考地球悬浮其中，为何地球上的江河海水不会倾泻而空？那时的小脑瓜虽然困惑，却能想及宇宙，但因为想不明白，竟不了了之，最后更不知从何时起，还停止了对宇宙的遐想，现在想来，仍是惋惜。我认为，孩子们在脑洞大开、想象力丰富的关键时期，他们应当得到睿智头脑的引领，让天赋尽启。这套丛书，由日本知名科学家撰写，将地球 46 亿年的壮阔历史铺展开来，极大地拉伸了时空维度。对于爱幻想的孩子来说，阅读这套丛书将是一次提升思维、拓宽视野的绝佳机会。

——广州市执信中学校长

这是一套可作典藏的丛书：不是小说，却比小说更传奇；不是戏剧，却比戏剧更恢宏；不是诗歌，却有着任何诗歌都无法与之比拟的动人深情。它不仅仅是一套科普读物，还是一部创世史诗，以神奇的画面和精确的语言，直观地介绍了地球数十亿年以来所经过的轨迹。读者自始至终在体验大自然的奇迹，思索着陆地、海洋、森林、湖泊孕育生命的历程。推荐大家慢慢读来，应和着地球这个独一无二的蓝色星球所展现的历史，寻找自己与无数生命共享的时空家园与精神归属。

——复旦大学附属中学校长

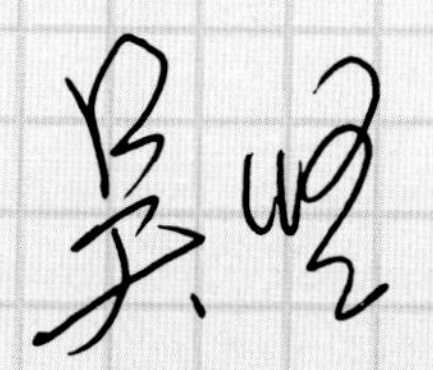

地球是怎样诞生的，我们想过吗？如果我们调查物理系、地理系、天体物理系毕业的大学生，有多少人关心过这个问题？有多少人猜想过可能的答案？这种猜想和假说是怎样形成的？这一假说本质上是一种怎样的模型？这种模型是怎么建构起来的？证据是什么？是否存在其他的假说与模型？它们的证据是什么？哪种模型更可靠、更合理？不合理处是否可以修正、如何修正？用这种观念解释世界可以为我们带来哪些新的视角？月球有哪些资源可以开发？作为一个物理专业毕业、从事物理教育 30 年的老师，我被这套丛书深深吸引，一口气读完了 3 本样书。

学会用上面这种思维方式来认识世界与解释世界，是科学对我们的基本要求，也是科学教育的重要任务。然而，过于功利的各种应试训练却扭曲了我们的思考。坚持自己的独立思考，不人云亦云，是每个普通公民必须具备的科学素养。

从地球是如何形成的这一个点进行深入的思考，是一种令人痴迷的科学训练。当你读完全套书，经历 150 个节点训练，你已经可以形成科学思考的习惯，自觉地用模型、路径、证据、论证等术语思考世界，这样你就能成为一个会思考、爱思考的公民，而不会是一粒有知识无智慧的沙子！不论今后是否从事科学研究，作为一个公民，在接受过这样的学术熏陶后，你将更有可能打牢自己安身立命的科学基石！

——上海市曹杨第二中学校长

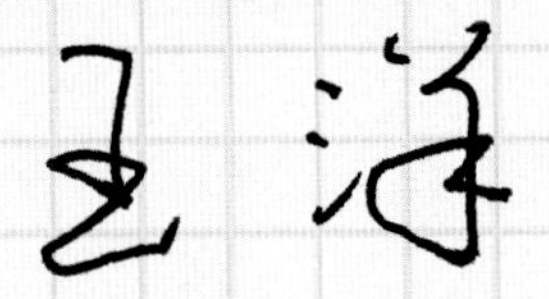

强烈推荐“46 亿年的奇迹：地球简史”丛书！

本套丛书跨越地球 46 亿年浩瀚时空，带领学习者进入神奇的、充满未知和想象的探索胜境，在宏大辽阔的自然演化史实中追根溯源。丛书内容既涵盖物理、化学、历史、生物、地质、天文等学科知识的发生、发展历程，又蕴含人类研究地球历史的基本方法、思维逻辑和假设推演。众多地球之谜、宇宙之谜的原理揭秘，刷新了我们对生命、自然和科学的理解，会让我们深刻地感受到历史的瞬息与永恒、人类的渺小与伟大。

——上海市七宝中学校长

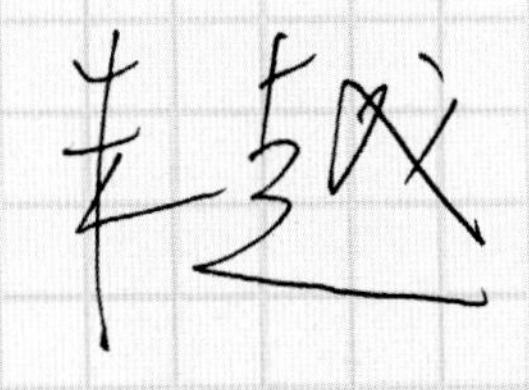

著作权合同登记号 图字01-2020-4524 01-2020-4615 01-2020-4525

Chikyu 46 Oku Nen No Tabi 48 Hahanaru Taiyou To Chikyuu No Yukue
Chikyu 46 Oku Nen No Tabi 49 Harukanaru Koubutsu No Monogatari
Chikyu 46 Oku Nen No Tabi 50 Chikyuushigen To Jinrui No Kyouzon

图书在版编目(CIP)数据

显生宙. 新生代. 5 / 日本朝日新闻出版著；贺璐婷，郭勇，王盈盈译. -- 北京：人民文学出版社，2021(2021.11重印)
(46亿年的奇迹：地球简史)
ISBN 978-7-02-016540-7

Ⅰ. ①显… Ⅱ. ①日… ②贺… ③郭… ④王… Ⅲ. ①新生代－普及读物 Ⅳ. ①P534.4-49

中国版本图书馆CIP数据核字(2020)第134583号

总 策 划 黄育海
责任编辑 甘 慧 吕昱雯
装帧设计 汪佳诗 钱 珺 李 佳 李苗苗

出版发行 人民文学出版社
社　　址 北京市朝内大街166号
邮政编码 100705

印　　制 凸版艺彩(东莞)印刷有限公司
经　　销 全国新华书店等

字　　数 155千字
开　　本 965毫米×1270毫米 1/16
印　　张 6.75
版　　次 2021年1月北京第1版
印　　次 2021年11月第4次印刷

书　　号 978-7-02-016540-7
定　　价 100.00元